展着剤の基礎と応用

—展着剤の上手な選び方と使い方—

川島和夫 著

養賢堂

はじめに

わが国では農薬散布時に添加される補助剤である展着剤は汎用的に使用されているが，海外（特に米国）と比較すると必ずしも積極的且つ効果的に使用されているとは言えない．その理由は散布水量が多い日本では薬効アップに展着剤が効果的である認識は低く，単なる濡れ剤として使用されているのが現状であり，全国の指導機関でも添加効果が判然としない試験成績が多かったことにも起因している．

著者は界面活性剤メーカーと農薬メーカーに長年在籍して新規展着剤の開発・商品化・普及活動に従事しながら，展着剤使用における様々な指導・生産現場を国内のみならず海外にも訪れることができた．国内の多くの現場では展着剤について認識が非常に低い一方で，一部の篤農家は展着剤の上手な選び方・使い方を習得して各自のノウハウとして病害虫防除等に実用化されている現場を見た．また米国では広く機能性展着剤が利用されている現場も見ることができた．2006 年 5 月末にわが国でポジティブリスト制度の施行後，農薬散布において過剰な散布水量から適正水量散布へ指導が変わり，周辺作物への農薬のドリフト対策が講じられている．散布水量が低減化される中，北海道ではドリフトレスノズルが普及し，従来に対比して散布ムラに伴う薬効バラツキのリスクが現場で懸念されて従来の一般展着剤ではなく，機能性展着剤が一般的になりつつある．

本書では散布水量の低減や散布時間の削減などを意図してトータルで農薬散布に係るコスト低減化を目指す環境保全型農業を提言しながら，公的な試験機関での試験成績を中心に展着剤の上手な使い方について紹介すると共に本技術をさらに深化させ，無意識で展着剤を添加するのではなく，効果効能をしっかりと意識した展着剤の上手な選び方・使い方が広く普及することを切に願うものである．

本書の具体的な内容として，第 1 章は総論であり最近の話題の展着剤について 6 つのグループ別に代表的な展着剤を挙げ，展着剤が単なる濡れ性向上ではなく積極的に薬効・薬害に作用して散布水量や散布回数の低減化，耐雨性向上などの多面的な機能を発現することを紹介し，今後の開発の課題についても言及している．第2章では基礎知識も含めた各論になり，展着剤の分類と機能や開発経緯を紹介し，その有効成分の約9割が界面活性剤であること及び展着剤を添加するに当たり，農薬製剤に製剤助剤として界面活性剤が配合されて重要な役割を担っていることから，界面科学の現象も含めた界面活性剤の基礎，農薬製剤（乳剤・水和剤・顆粒水和剤・フロアブル）の基礎，機能性展着剤の作用特性，作物残留に及ぼす影響，使用上の注意事項や海外（特に米国）での使用実態などを紹介している．第3章では全国の評価機関での展着剤添加の試験成績を中心に主要な作物別に紹介している．なお，本文中に展着剤の上手な選び方・使い方のヒントになるQ&Aコーナーを設けているので，各作物の病害虫防除場面などの農薬散布において参考にして頂ければ幸いである．

著者

目次

第１章　新時代の展着剤（総論）

第１章　新時代の展着剤（総論）

1-1　最近の話題の展着剤

農薬要覧 2013 によると，展着剤は 63 あるが，最近の傾向として 5,000 倍以上の低濃度で使用する一般展着剤から，3,000 倍以下の高濃度で使用する多面的な機能を有する展着剤へ大きく移行している[1]．展着剤の分類と機能は第 2 章にて詳細に説明するが，ここではまず代表的な最近の主要な製品を 6 つのグループ別に紹介する．

1）高い可溶化能をもつエステル型ノニオン系展着剤

代表的な製品はアプローチ BI（ポリオキシエチレンヘキシタン脂肪酸エステル：50%）であり，上梓後，すでに 30 年以上が経過している．最初は植物成長調整剤のジベレリン用に試験番号アトロックス 209(登録名はアトロックス BI) にて開発され，ブドウの無核果で実用化された．その後は商標権の問題で現在の商標にて殺菌剤や殺虫剤などに適用拡大され, 過去 10 年間で北海道を中心に著しく伸長しており，現在は広く使用されている．その有効成分はエステル型のノニオン性界面活性剤であり，その基本的な作用特性については第 2 章にて詳細に説明するが，優れた可溶化能を有し，植物に及ぼす生理反応が非常にマイルドである特長を有している．アプローチ BI は高い可溶化の作用性を有し，例えば, 水で希釈された白濁状態の有機リン剤乳剤へアプローチ BI 添加によって透明になる現象を観察することができ，現場で安定した防除効果を示す（写真 1）．この透明な外観は乳剤の範疇になるマイクロエマルションと同じような現象である．従来の乳剤であると，水で希釈されて白濁した状態であり粒径が数～数十 μm になるが，マイクロエマルションでは 0.1μm 以下になり，結果として外観が透明な状態になっている．この製剤の特長としてターゲットとなる作物や病害虫などへの薬剤取り込み向上が期待されることにある．これは界面活性剤の可溶化能を応用することにより，植物などへの取り込みが短時間で向上して生物活性を高めるからである．現場では高いレベルにて病害虫などに関する防除が管理されているため，従来目に見える薬効の向上は観察できず，可溶化能向上により添加される農薬（殺虫剤や殺菌剤など）の欠点も逆に発現し

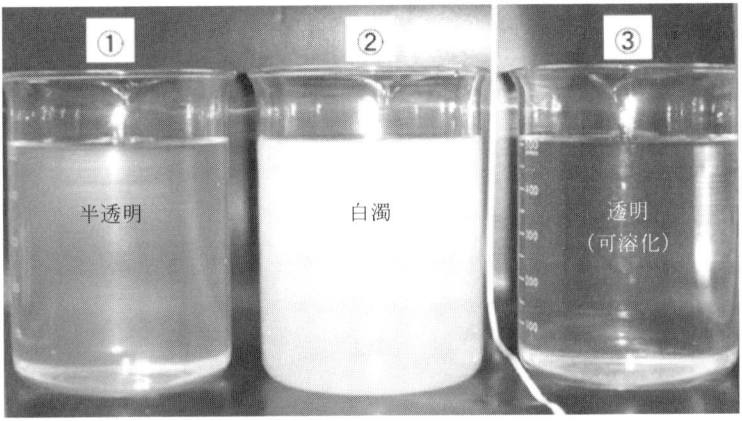

①農薬単独（1,000倍）　②農薬（1,000倍）＋一般展着剤（10,000倍）　③農薬（1,000倍）＋アプローチBI（1,000倍）

写真1　農薬と展着剤の混用性試験（可溶化現象）

て薬害が助長される事例もあるので，現場サイドでの事前の試験実績に基づいた添加が重要になる．なお，このタイプにはアプローチBI以外にエステル型ノニオン性界面活性剤を2成分含有するアルベロ（ポリオキシエチレンヘキシタン脂肪酸エステル：20%，ポリオキシエチレン脂肪酸エステル：15%）や展着剤パウダー30（ポリオキシエチレンヘキシタン脂肪酸エステル：15%，ポリオキシエチレン脂肪酸エステル：15%）もある．

2）油溶性のエステル型ノニオン系展着剤

油溶性のエステル型ノニオン性界面活性剤を含有する代表的な製品はスカッシュ（ソルビタン脂肪酸エステル：70%，ポリオキシエチレン樹脂酸エステル：5.5%）であり，トマトやナスなどの果菜類を中心に使用されている．優れた濡れ性により，施設栽培で問題となる遅い乾きに起因する焼けや水和剤のキャリアの汚れ軽減にも有効である．有効成分が油溶性であることから，殺虫剤への添加の際に害虫の体表への浸透を促進させて殺虫活性を高めることにより，アブラムシやダニなどの小さな害虫に対する防除において卓越した添加効果が確認され，特に施設栽培における野菜全般に広く使用されている．害虫の体表は撥水性であるために一般的に水を弾くが，油溶性のエステル型ノニオン系を添加して薬剤散布すると，卵や虫体を油状の薄い被膜で物理的に覆う現象を観察

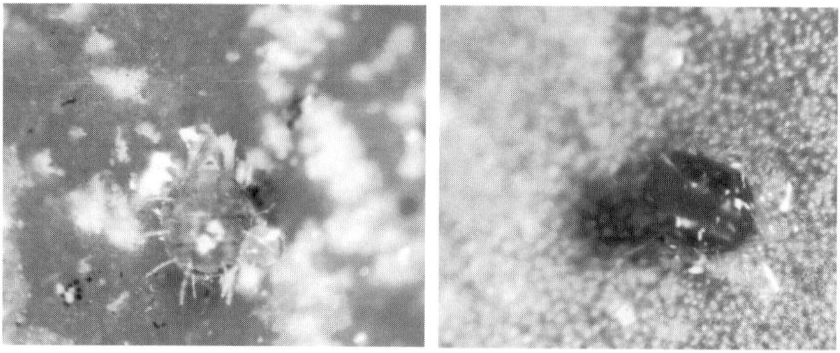

水のみ散布　　スカッシュ 1,000 倍

写真2　スカッシュ加用によるダニの虫体に対する薬液の付着の様子

することができる（写真2）．露地栽培においては濡れ性の悪いネギ類やアスパラガスなどにも使用されている．米国で植物油濃縮物やシードオイルメチル化物（MSO）が広く普及していることから，日本でも油溶性タイプの展着剤は今後，さらに需要が拡大することが予想される．このタイプにはレインコート（脂肪酸グリセリド：90%）も分類される．

3）細胞膜への吸着能をもつカチオン系展着剤

1989 年に我が国で初めてカチオン系展着剤として上梓されたサットカット（アルキルトリメチルアンモニウムクロライド：50%）はカンキツ類と茶で殺ダニ剤へ添加して卓越した効果が認められ，西日本の試験機関で高い評価を得た．残念ながら，カンキツ類で果面にさびが発生すること及び主要な農薬との混用性の問題（有効成分が水溶性カチオンのため）により，2004 年に登録失効になった[2]．現在，カチオン系展着剤として代表的な製品は油溶性のカチオン性界面活性剤を含有するニーズ（ポリナフチルメタンスルホン酸ジアルキルジメチルアンモニウム：18%，ポリオキシエチレン脂肪酸エステル：44%）で野菜の殺菌剤場面を中心に使用されている[3,4]．カチオンの特長として，弱いマイナスに帯電している細胞膜に吸着して膜のリン脂質の流動性に影響を及ぼし，同時に散布された殺菌剤の病原菌への取り込みを短時間で向上させ，生物活性を安定化させる（図1）．殺菌剤との相性についてはさらに検討が必要であるが，一部の殺菌剤へのカチオン添加によって殺菌剤単独では胞子発芽に対する生育

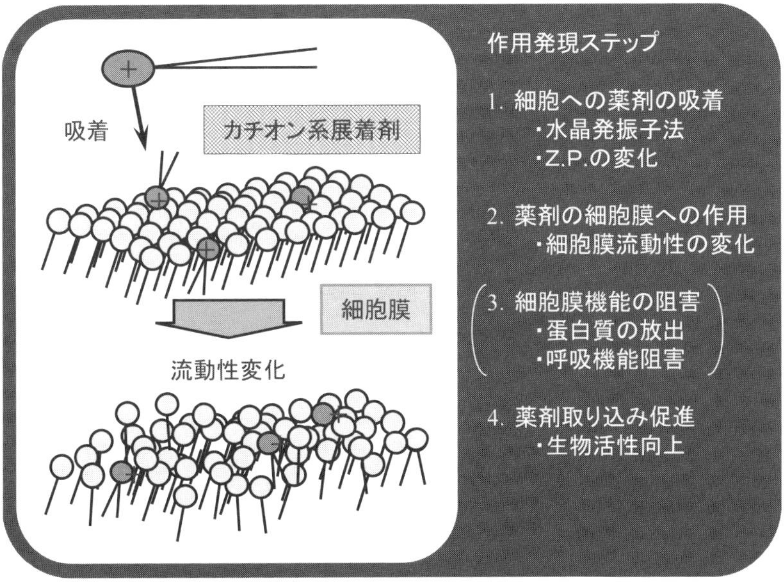

図1　カチオン系展着剤の作用特性モデル

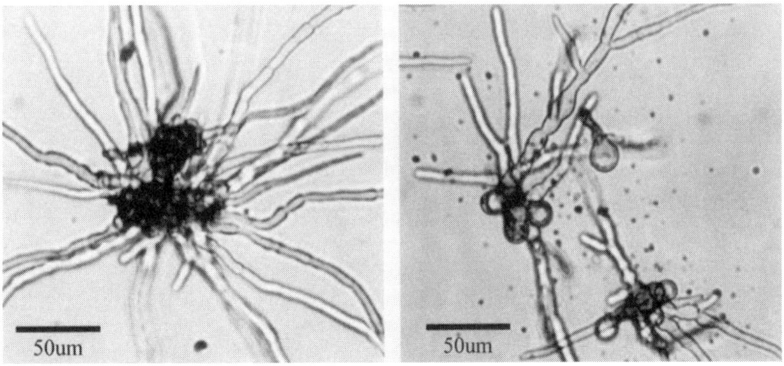

プロピネブ水和剤　14ppm

プロピネブ水和剤　14ppm
カチオン系展着剤　4ppm

写真3　胞子発芽生育抑制に及ぼすカチオン系展着剤添加の影響
菌種：*Alternalia mali*.
条件：YG液体培地にて27℃，30hr培養.
供試カチオン系展着剤：ニーズ.

抑制が認められない場合でもカチオン特有の物理的作用から生育抑制を観察することができる（写真3）．特に灰色かび病やうどんこ病の治療防除に卓越した添加効果が確認され，ウリ類のうどんこ病防除試験によると，慣行の1週間間隔を2週間間隔に延長してもカチオン系展着剤を添加することによって同等以上の防除効果を有することが示唆された．優れた濡れ性により，水和剤による果菜類に対する汚れ軽減と併せて濡れ性の悪いネギ類にも同様に良い結果が確認されている．今後は野菜類だけでなく，果樹類や畑作の殺菌剤での実用化が期待される．このタイプにはニーズ以外にブラボー（ポリナフチルメタンスルホン酸ジアルキルジメチルアンモニウム：2.5%，ソルビタン脂肪酸エステル：48%，ポリオキシエチレン脂肪酸エステル：28%），アグレイド（ポリナフチルメタンスルホン酸ジアルキルジメチルアンモニウム：7.6%，ポリオキシエチレン脂肪酸エステル：18%）などがある．

4）除草剤専用のエーテル型ノニオン系展着剤

製品としての販売実績は40年以上のものが多くある．その中，米国でパラコートやDCMUなどの非選択性除草剤用の展着剤として実績のあった製品を日本で商品化されたのがサーファクタントWK（ポリオキシエチレンドデシルエーテル：78%）である．WKはweed killerの略で，除草剤専用の展着剤である．北海道ではテンサイでの除草の際に汎用的に添加されて安定した効果を発現している．また土壌処理型除草剤への添加によって茎葉処理効果も発現することより，芝生の雑草管理にも使用されている．このエーテル型ノニオン性界面活性剤は界面活性剤の特長である優れた可溶化能をもつと同時に，それ自体でも強い植物毒性（作物への薬害リスク）がある．エーテル型ノニオン系は1%処理で葉の3/4以上が褐変するのに対し，対比のエステル型ノニオン系は1%処理でも僅かに葉の淵に褐変が観察される程度である（写真4）．従って，植物への生理反応も強いことから殺菌剤や殺虫剤への添加の際にはかなり低濃度での使用が前提になり，一般的には除草剤を中心に使用されている．このタイプはその他にレナテン（ポリオキシエチレンドデシルエーテル：78%），クサリノー（ポリオキシエチレンオクチルフェニルエーテル：50%），サプライ（ポリオキシエチレンドデシルエーテル：30%）などがある．

5）初期付着量を高めるパラフィン系固着剤

パラフィンを有効成分とする展着剤は古くから上梓されており，2000年頃に10品目もあったが，2013年では4品目だけである．現在，もっとも販売実績の

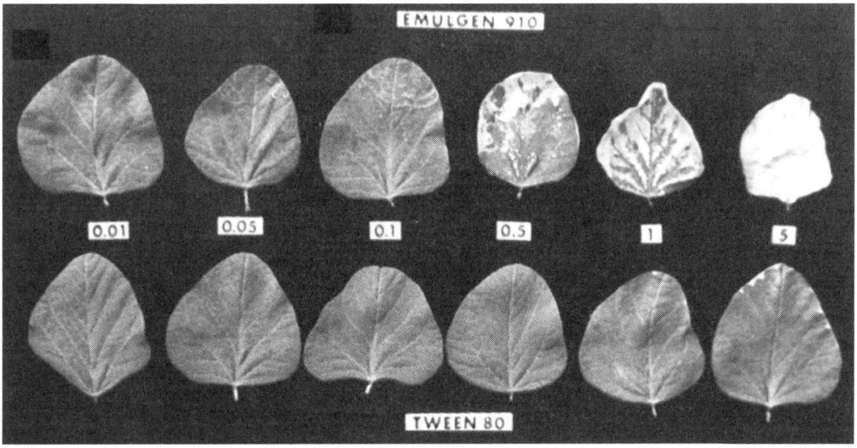

写真4　ノニオン系界面活性剤の薬害試験
供試植物：ダイズ（奥原1号）.
供試界面活性剤：エーテル型ノニオン系（Emulgen910），エステル型ノニオン系（Tween80）.
供試界面活性剤の処理濃度：0.01，0.05，0.1，0.5，1.0，5%.
調査：3-4葉期のポット栽培の幼苗に十分量を散布し，7日後に初生葉を観察.
引用：川島和夫・竹野恒之（1982），油化学 31（3），163.

あるパラフィン系展着剤としてアビオン E とステッケル（パラフィン：24%）がある．パラフィンを乳化させた白濁した製品であるから，凍結すると乳化状態がくずれるために冬期での保管に注意が必要になる．果樹向けの保護殺菌剤への添加によって初期付着量と耐雨性の向上により，良好な残効性が確認されて広く使用されている．パラフィン含量がさらに高められたペタン V やアグロガード（パラフィン：42%）もある．さらにパラフィン系は有機農産物での使用も認可されていることから，JAS 規格に適合した資材としての有効活用は重要な長所になっている．また初期付着性を高める違うタイプの固着剤として，天然樹脂の誘導体であるポリオキシエチレン樹脂酸エステル（エステル型ノニオン系）を有効成分として 70%含有する K.K ステッカーがある．

6）優れた濡れ性のシリコーン系展着剤

シリコーン系展着剤は米国を中心に 20 年以上前から実績があった．日本で上梓された初めてのシリコーン系展着剤としてまくぴか（ポリオキシエチレンメチルポリシロキサン：93%）がある．シリコーンはシリコンと称される金属ケイ素とは異なり，金属ケイ素に複雑な化学反応を加えて作り出され，無機と有機の性質を兼ね備える人工の化合物（合成樹脂）であり，結合の主骨格がケイ素と酸素が交互に結び付いたシロキサン結合（Si-O-Si）で，撥水性，高温や低温に強い，紫外線で劣化しないなど，様々な性質を持っている．日本独自で開発され，普及はまだこらからの製品である．このタイプの有効成分は広義にはノニオン性界面活性剤に分類されるが，従来タイプとは異なり，さらに優れた濡れ性を有することから，特殊界面活性剤に分類されることもある．北海道での畑作向け高濃度少水量散布場面や濡れ性の悪い作物での使用が期待される．異なるシリコーン系展着剤のブレイクスルー（ポリオキシアルキレンオキシプロピルヘプタメチルトリシロキサン：80%，ポリオキシアルキレンプロペニルエーテル：20%）は海外からの導入品である．

1-2　展着剤の多面的な機能

田代[5]は展着剤の添加効果について農薬の生物効果がそれだけの散布で十分に高い時には発現せず，効果が不十分な場合や大雨にあった時，散布間隔が予定よりも長くなってしまった場合のみ，添加効果を実感できると述べている．新時代の展着剤の上手な選び方・使い方のポイントとして，単独での生物効果が弱い（難防除），散布水量が少なくて散布ムラのリスクが高い，登録範囲で低い濃度で安定した効果を狙う，残効性を向上させて散布回数を積極的に減らすこと等を目的として初めて展着剤添加の効果が期待でき，展着剤の機能を考えながら適切な展着剤を選定して使用することが重要になる．

1）効果向上作用

コムギの雪腐病は雪害とも呼ばれ，地温・土壌の種類・排水の良否などの条件によって6種類の雪腐病菌が知られている．北海道ではその対策に根雪前の11月中旬から翌年の雪解けまでの長期間の残効性が望まれており，5種の展着剤を用いて残効性が北海道立美幌地区農業改良普及センター[6]にて検討された（図2）．3種の殺菌剤混用系（トルクロホスメチル水和剤，イミノクタジン酢酸塩液剤，チオファネートメチル水和剤）へ5種の異なるタイプの展着剤が添加されて検討された結果，予想に反してパラフィン系固着剤添加区はもっとも発病度が高く防除効果が劣った．発病度がもっとも少なく効果向上作用が大き

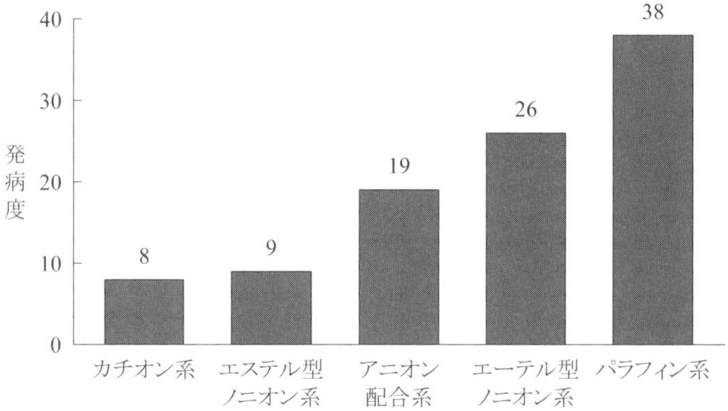

図2　コムギ雪腐病に対する5種の展着剤の加用試験
試験場所：北海道美幌地区農業改良普及センター．
供試殺菌剤：トルクロホスメチル水和剤1,000倍，イミノクタジン酢酸塩液剤1,000倍，チオファネートメチル水和剤2,000倍．
供試展着剤：カチオン（ニーズ）1,000倍，エステル型ノニオン（アプローチBI）1,000倍，アニオン配合（ダイコート）2,000倍，エーテル型ノニオン（ミックスパワー）3,000倍，パラフィン系（ペタンV）400倍．
薬剤処理：1999年11月10日．
調査日：2000年4月19日，各区50株を調査．
引用：川島和夫（2009），植物防疫 63（4），233.

かったのはカチオンが配合されたタイプ（ニーズ）及びエステル型ノニオンを有効成分とする機能性展着剤（アプローチBI）であった．結果として従来，現場でもっとも汎用的に使用されていたパラフィン系固着剤よりも機能性展着剤が安定した添加効果を示した．

平山ら[7]はイチゴ小葉のリーフディスクを用いて感染前（予防）及び感染後処理時（治療）に展着剤を添加してイチゴ炭そ病（ベノミル耐性病菌）に及ぼす効果を検討した．その結果，治療試験では4種の殺菌剤に対して4種の展着剤（ネオエステリン，ニーズ，スカッシュ，アプローチBI）はどの組合せにおいても効果が高まり，具体的にはジエトフェンカルブ・チオファネートメチル（ゲッター水和剤），アゾキシストロビン（アミスター20フロアブル）各2,000倍，ジチアノン（デラン水和剤）1,000倍，ビテルタノール（バイコラール水

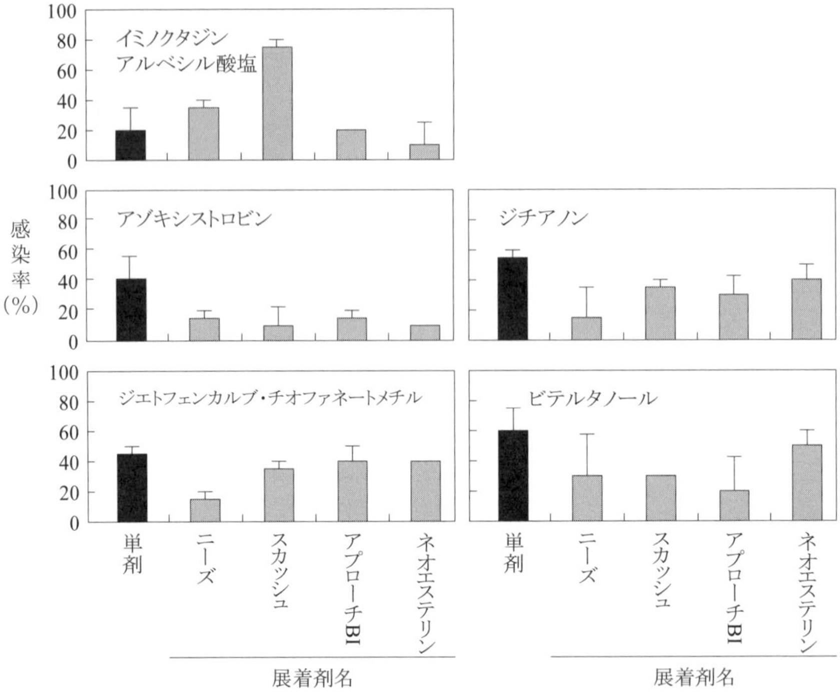

図3　感染後処理における各種殺菌剤への展着剤加用がイチゴ炭そ病菌の感染率に及ぼす影響
垂線は標準偏差を示す（n=3）.
試験場所：奈良県中部農林振興事務所.
供試展着剤：ニーズ（カチオン系），スカッシュ（油溶性エステル型ノニオン系），アプローチBI（エステル型ノニオン系），ネオエステリン（複成分ノニオン系）.
引用：平山善彦ら（2008），奈良県農総セ研報 39，25.

和剤）2,500倍は展着剤を添加することにより効果的であることが確認された（図3）．しかし，イミノクタジンアルベシル酸塩（ベルクート水和剤）1,000倍では単独で高い効果を示して添加効果は確認できず，逆にスカッシュとの組合せでは相性が悪いことが確認された．予防試験ではマンゼブ（ジマンダイセンフロアブル）600倍とプロピネブ（アントラコール顆粒水和剤）500倍が単独で高くて耐雨性も優れており，展着剤の添加は不要であることが確認された．

芝生の雑草管理においてスズメノカタビラ防除は重要な作業である．除草剤

表 1　スズメノカタビラ生育処理に及ぼす展着剤の添加効果

試験区	除草剤	無処理対比残草量（%）	
	g/a	1～2 葉期	3～4 葉期
展着剤添加区	5	1	2
	10	0	t
	20	0	0
無添加区	5	5	9
	10	1	5
	20	1	5
無処理		100	100

試験場所：丸和バイオケミカル（株）阿見開発センター.
供試除草剤：オキサジアルギル（フェナックスフロアブル）.
供試展着剤：エーテル型ノニオン系展着剤（サーファクタント WK）2,000 倍.
処理時期：1997 年 11 月 11 日（1～2 葉期），11 月 21 日（3～4 葉期）.
調査時期：1～2 葉期（12 月 17 日，12.04g），3～4 葉期（12 月 24 日，13.31g）.
（　）：生重.
引用：川島和夫（2007），散布技術を考えるシンポジウム講演要旨，日植防，p.22.

としてオキサジアルギル（フェナックスフロアブル）を用いてエーテル型ノニオンを有効成分とする展着剤（サーファクタント WK）2,000 倍添加の有無についてポット栽培のスズメノカタビラ（1～2 葉期及び 3～4 葉期）に対して検討された[1)]（表 1）. その結果，展着剤添加によってスズメノカタビラ防除の向上が確認され，特に 3～4 葉期の場合に顕著な向上が認められた. エーテル型ノニオンは本来，植物毒性が強く，本タイプを有効成分とする展着剤は除草剤用途に適しているが，殺菌剤や殺虫剤などへの添加時に農作物に対する薬害リスクが大きい問題を抱えている. 芝生管理のスルホニルウレア系除草剤（ヨードスルフロンメチルナトリウム塩）処理においても展着剤の添加効果が中村ら[8)]によって確認された. すなわち，株化したペレニアルライグラスに対する試験で除草剤単独 0.01g/m^2 では処理後 38～79 日目に再生が目立ち，安定した除草効果を示さなかった. しかし，エーテル型ノニオン系展着剤（ポリオキシエチレ

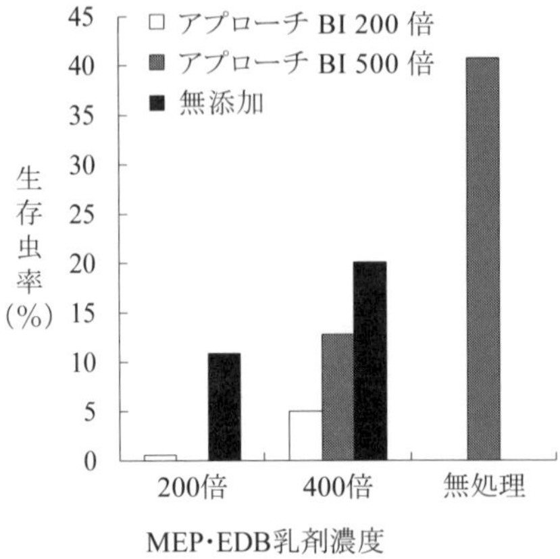

図 4　ブドウトラカミキリ防除に及ぼす展着剤の影響
試験場所：広島県果樹試験場.
供試殺虫剤：MEP・EDB 乳剤（スミバーク E 乳剤 50, 1987 年登録失効).
供試展着剤：エステル型ノニオン系（アプローチ BI).
引用：松本要・藤原昭雄（1978), 応動昆 22（1), 38.

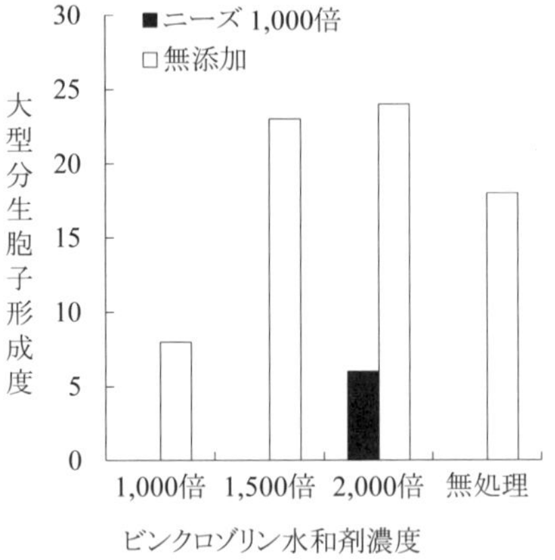

図 5　モニリア病での減農薬試験に及ぼす展着剤の影響
試験場所：岩手県園芸試験場.
供試殺虫剤：ビンクロゾリン水和剤（ロニラン, 1996 年登録失効).
供試展着剤：カチオン系（ニーズ).
引用：川島和夫ら（1994), 農及園 69（5), 580.

ンドデシルエーテル 78%）1,000 倍添加により，安定した除草効果が確認された.

2）低濃度の活用

現場では農薬の効果を安定化させるために登録範囲の高濃度を適用するのが一般的であるが，展着剤活用により登録範囲の低濃度での実用化はコストを意識した経営者の視点から重要な課題である．ブドウに大きな被害をもたらすブドウトラカミキリの休眠期防除試験が広島果試[9]にて実施された（図 4)．エステル型ノニオンを有効成分とする展着剤（アプローチ BI）を用いて MEP・EDB 乳剤（スミバーク E 乳剤 50 : 1987 年登録失効）への添加効果を検討した結果，殺虫剤の濃度を高めるよりも展着剤を添加する方が殺虫効果を高めることが確認された．さらにその展着剤濃度を高めることにより，100%に近い殺虫効果が認められた．この増強効果は展着剤の有効成分であるエステル型ノニオンが農薬の可溶化を発現させ，結果として樹木に対する農薬の浸透性が高まるためと考察された．

東北地方北部で特に問題となっているリンゴのモニリア病について，カチオン系展着剤（ニーズ）1,000倍を用いて岩手園試[10]にて現地試験が実施された（図5）．その結果，供試した殺菌剤のビンクロゾリン（ロニラン水和剤：1996年登録失効）1,000，1,500，2,000倍へのカチオン系展着剤の添加効果が確認され，散布後17日目の調査で大型分生胞子形成度が殺菌剤単独1,000倍区で8.3であるのに対し，殺菌剤2,000倍へカチオン添加区では6.1とほぼ同等な高い治療効果が認められた．一方で殺菌剤単独2,000倍では明らかに効果の低下が認められることから，カチオン系展着剤添加により，殺菌剤の濃度を半減できる可能性が示唆された．モニリア病に対しては，同様な試験結果がチオファネートメチル（トップジンM水和剤）に対しても確認された．またカチオン系展着剤を用いて岩手大学[11]でのリンゴ病害虫体系防除について農薬の濃度を半減化した2年間の試験や大阪農試でのプロシミドン（スミレックス水和剤）によるナスの灰色かび病防除試験においても同様に添加効果が確認された．

3）散布水量の低減

トマトハモグリバエを含むハモグリバエ類は幼虫が葉の内部に潜入する肉食性害虫であり，多発生すると落葉，生育遅延の影響もあり，現場では浸透性を高める機能性展着剤が求められていた．そこで井村[6,12]は作用性の異なる8種の殺虫剤を用いて5種の展着剤の添加効果を室内試験にて散布水量を低減（殺虫剤単独での補正死虫率を約50%に調整）して検討した（図6）．まず，剤型別でみると水和剤では顕著な添加効果が確認されたが，乳剤や液剤ではあまり効果は認められない傾向であった．しかし，MEP，フルフェノクスロンとルフェヌロン乳剤では一般展着剤（ネオエステリン：複成分ノニオン系）は確かに添加効果を示さないものの，機能性展着剤添加によって効果向上が顕著に確認された．供試した殺虫剤の中で，スピノサド（スピノエース顆粒水和剤），クロルフェナピル（コテツフロアブル），フルフェノクスロン（カスケード乳剤）及びルフェヌロン（マッチ乳剤）は機能性展着剤添加によって殺虫効果が著しく向上した．特にクロルフェナピル，フルフェノクスロン及びルフェヌロンは浸透性が向上する機能性展着剤添加の影響が大きいと考察された．具体的にはクロルフェナピルに対してはエステル型ノニオン（アプローチBI），フルフェノク

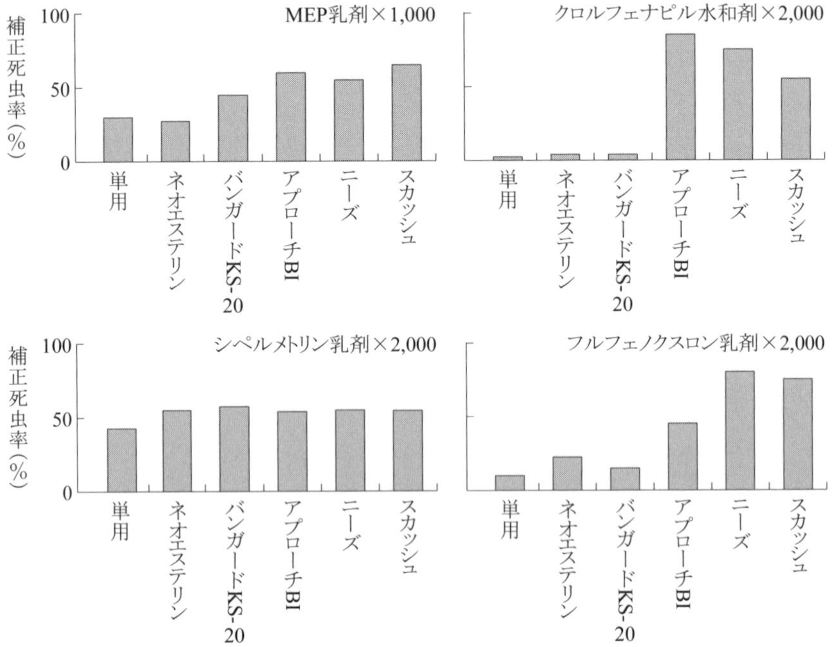

図6　トマトハモグリバエ防除に対する5種の展着剤の添加効果
試験場所：奈良県農業総合センター.
（注）25℃条件でインゲン初生葉に産卵4日後の1～2齢幼虫を供試，フラスコに水差ししたインゲンに回転式散布塔で一定量の薬液を側面から噴霧，処理約1週間後の蛹化個体数から幼虫期の補正死虫率を算出.
供試展着剤：ネオエステリン（複成分ノニオン系），バンガードKS-20（エステル型ノニオン系，2008年8月登録失効），アプローチBI（エステル型ノニオン系），ニーズ（カチオン系），スカッシュ（油溶性エステル型ノニオン系）.
引用：川島和夫（2007），散布技術を考えるシンポジウム講演要旨，日植防，p.22.

スロン及びルフェヌロンに対してはカチオン（ニーズ）と油溶性のエステル型ノニオン系展着剤（スカッシュ）が高い添加効果を示し，殺虫剤と機能性展着剤の間に相性のあることが示唆された.

茶の赤焼病は晩秋から翌年の初春の低温期に発生する病気であり，一番茶への影響が大きく，その防除には銅系殺菌剤が一般的に10a当り400Lの水量で散布されている．殺菌剤としてカスガマイシン・銅水和剤及び銅水和剤を用いて散布水量を200L，300Lに低減してカチオンを有効成分とする機能性展着剤

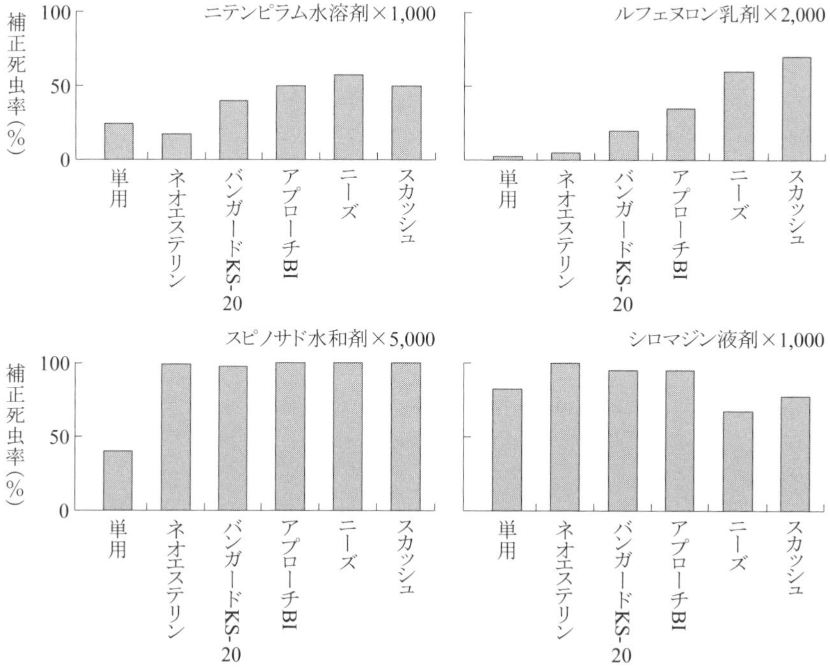

表 2　チャ赤焼病の体系防除における散布水量の低減に及ぼす展着剤の添加効果

試験区	発病葉数 (枚/m²)	発病葉率 (%)	防除率 (%)	一番茶収量 (kg/10a)	減収率 (%)	薬剤費 (円/10a)
殺菌剤 400L/10a	195.2	6.0(○)	63.1	541.7	13.7	5500
殺菌剤＋カチオン 400L/10a	216.8	6.7(○)	59.0	563.0	10.3	6200
殺菌剤＋カチオン 300L/10a	157.1	4.8(○)	70.3	575.1	8.3	5300
殺菌剤＋カチオン 200L/10a	215.0	6.6(○)	59.4	598.6	4.6	4300
無処理区	529.3	16.3(×)		484.9	22.7	-

試験場所：鹿児島茶業試験場（九防協委託試験）.
処理日：2004 年 12 月 14 日，2005 年 1 月 12 日，2 月 8 日，3 月 4 日（合計 4 回）
供試殺菌剤：1 回目はカスガマイシン・銅水和剤（カスミンボルドー）500 倍，2 回目〜4 回目は銅水和剤（ドイツボルドー）500 倍.
供試展着剤：カチオン系展着剤（ニーズ）.
発病葉率：被害許容水準 6.6%と比較し，水準〜+0.3%まで○，+0.3%以上は×と判定.
薬剤費：鹿児島県内流通概算価格.
引用：富濱毅（2009），植物防疫 63（4），218.

（ニーズ）の添加効果が鹿児島茶試[13]の圃場にて検討された（表2）．その結果，カチオン系展着剤を添加した区は散布水量を400Lから200～300Lへ低減しても同等な防除効果が得られ，作業性の軽減と共に経済面の経費削減効果も期待できた．同様な結果は油溶性のエステル型ノニオン系展着剤（スカッシュ）を用いたDMTP（スプラサイド乳剤）による茶のクワシロカイガラムシ防除においても散布水量の低減化が確認されて現場で広く普及していたが，最近はピリプロキシフェンマイクロカプセル（プルートMC）の上梓と共に混用性の問題のために機能性展着剤の使用が激減している．

4）散布回数の低減

リンゴ，ミカンなどの果樹やキャベツ，タマネギなどの野菜などのように散布回数の多い作物ではトータルの散布時間削減が作業性及びコスト面から究極の狙いになるが，データの再現性と年次変化などを十分に検討した後に初めて言及できる課題である．さて，リンゴの斑点落葉病に対してカチオン系展着剤（ニーズ）1,000倍及びノニオン系一般展着剤（ラビデンSS：1996年登録失効）10,000倍を用いて散布回数の低減化が岩手園試[10]で検討された（表3）．殺菌剤としてキャプタン・ホセチル（アリエッティC水和剤）800倍を用いて慣行

表3　リンゴ斑点落葉病の体系防除における散布回数の低減に及ぼす展着剤の添加効果

試験区	散布期間	調査葉数	発病葉率（%）	100葉当たり病斑数	薬害
カチオン区	10日	339	13.4	19	-
カチオン区	15日	320	16.5	27	-
一般展着剤	15日	305	30.5	52	-
無添加区	10日	299	16.2	21	-
無添加区	15日	322	29.8	54	-
無処理区	-	339	82.0	432	

試験場所：岩手県園芸試験場．
供試殺菌剤：キャプタン・ホセチル（アリエッティC水和剤）800倍．
供試展着剤：カチオン系展着剤（ニーズ）1,000倍，一般展着剤（ラビデンSS）10,000倍．
散布日：10日間隔（合計5回：6/16，6/25，7/5，7/15，7/27），15日間隔（合計4回：6/16，6/30，7/15，7/31）．
調査日：1993年8月12日．
引用：川島和夫ら（1994），農及園 69（5），580．

区は散布間隔 10 日で合計 5 回に対して，カチオン系展着剤添加区は 15 日間隔で合計 4 回散布が 6 月中旬から 7 月下旬まで実施され, 8 月中旬に調査された. その結果, カチオン系展着剤添加の 15 日間隔散布は一般展着剤添加区及び殺菌剤単独区の 15 日間隔より防除効果が高く，また殺菌剤単独区の 10 日間隔散布区と同等な高い防除効果を示した. 以上のようにカチオン系展着剤添加により，15 日間隔散布でも 10 日間隔散布並みの高い防除効果が認められて省力散布の可能性が示唆された. なお, 本試験で葉や果実に薬害は全く認められなかった. さらに秋田果試鹿角分場[10]にて加工用リンゴを対象にし，カチオン系展着剤（ニーズ）1,000 倍を用いて大幅な散布回数の低減化試験が検討された．その結果, 慣行散布 13 回に対してカチオン系展着剤添加は 6 回散布であったものの，収穫されたすべての果実について炭そ病，疫病，モモシンクイガやハマキムシ被害はほぼ同等の高い防除効果を示し，省力散布の可能性が示唆された．本試験では加工用リンゴであることから，さび果については言及されていないが，腐敗果などの品質は全く問題なかった.

同様にカチオン系展着剤（ニーズ）1,000 倍を用いてウリ類うどんこ病防除試験が佐賀農試，宮崎農試と鹿児島農試で検討された[3,6]（図 7)．殺菌剤としてトリアジメホン（バイレトン水和剤）2,000 倍，TPN（ダコニール 1000）1,000 倍を用いて展着剤の添加効果が検討された結果，慣行の 1 週間間隔と同等以上の防除効果が認められて農薬散布間隔を 1 週間から 2 週間へ延長できることが示唆された．展着剤の添加効果は，薬剤が浸透性のない TPN よりも浸透性を有する EBI 剤（エルゴステロール生合成阻害剤）であるトリアジメホンにおいて顕著な防除効果の向上が認められた．なお，対照区の一般展着剤添加区では，殺菌剤単用区とほぼ同様な生物活性であり，1 週間から 2 週間へ散布間隔を延長することはできないものと考察された.

以上のように機能性展着剤添加により散布回数の低減化の可能性が複数の事例で示唆されているが，散布回数の低減化は供試薬剤，発病程度や気象条件等（降雨量・降雨時間や気温等）の違いによる薬効と共に薬害への影響も十分に検討される必要がある.

5）耐雨性向上

カンキツ類の重要な病害虫として黒点病とダニが挙げられる．殺ダニ剤とし

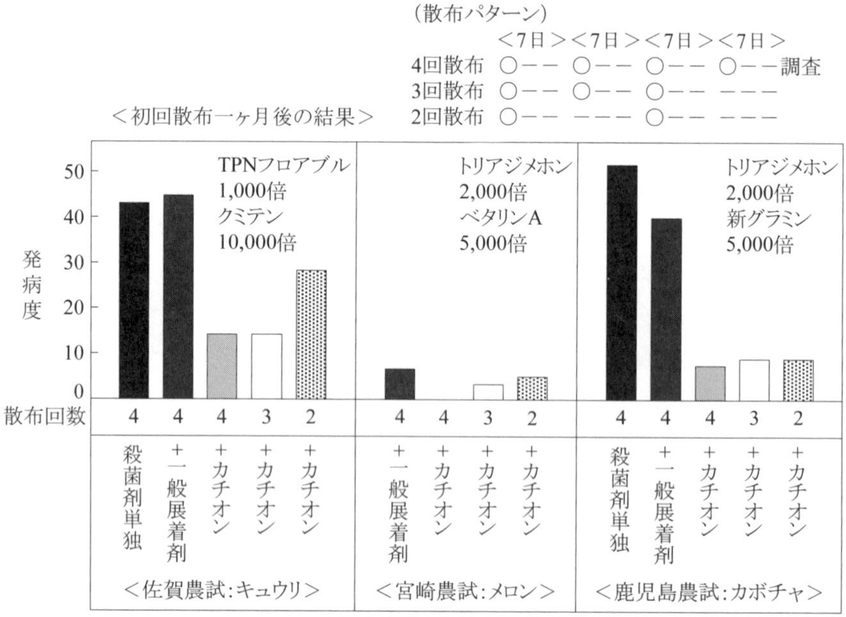

図7　カチオン系展着剤を用いたウリ類うどんこ病の省力防除試験
1992年度九防協検討会.
供試機能性展着剤：カチオン系（ニーズ）1,000倍.
供試一般展着剤：クミテン（アニオン配合系）10,000倍，ベタリンA（エーテル型ノニオン系）5,000倍，新グラミン（アニオン配合系：2009年登録失効）5,000倍.

てマシン油乳剤が広く普及しているが，マシン油乳剤（ハーベストオイル）200倍を展着剤として活用する取り組みが佐賀果試[5,14]にてマンゼブ（ジマンダイセン水和剤，但し8月4日処理はマンネブ：エムダイファー水和剤）600倍を用いて検討された（表4）．その結果，添加効果が確認され，その作用として耐雨性向上によることが累積降雨試験から明らかにされた．すなわち，マシン油乳剤を添加した試験区は殺菌剤散布後の累積降雨量400〜450mm試験区（累計3回散布）も同200〜250mm試験区（殺菌剤単用，累計5回散布）と同等の高い防除効果が認められた．マシン油乳剤のカンキツ類への応用は黒点病以外に，そうか病や灰色かび病防除においても添加効果が確認されているが，今後のマシン油乳剤の課題として散布時期との関係から果実の品質や樹体に及ぼす影響

表4　カンキツ黒点病防除に及ぼすマシン油乳剤添加の効果（耐雨性試験）

<table>
<tr><th rowspan="2">試験区</th><th colspan="6">薬　剤　散　布　月　日[a]</th><th rowspan="2">発病度</th><th rowspan="2">防除価</th></tr>
<tr><th>5月20日</th><th>6月21日</th><th>6月25日</th><th>6月27日</th><th>7月21日</th><th>8月4日</th></tr>
<tr><td rowspan="2">累積降水量
200～250mm</td><td colspan="6">●225mm[b]●◀― 241mm ―▶● 182mm ○ 259mm ○</td><td>0.4</td><td>99</td></tr>
<tr><td colspan="6">○225mm ○◀― 241mm ―▶○ 182mm ○ 259mm ○</td><td>10.7</td><td>76</td></tr>
<tr><td>累積降水量
300～350mm</td><td colspan="6">●◀― 328mm ―▶●◀― 319mm ―▶○ 259mm ○</td><td>0.4</td><td>99</td></tr>
<tr><td>累積降水量
400～500mm</td><td colspan="6">●◀――― 466mm ―――▶●◀― 440mm ―▶○</td><td>10.4</td><td>77</td></tr>
<tr><td>無散布</td><td colspan="6"></td><td>45.0</td><td></td></tr>
</table>

a）1999年試験.
●：マンゼブ（ジマンダイセン）水和剤600倍＋マシン油乳剤（ハーベストオイル）200倍の混用散布.
○：マンゼブ（ジマンダイセン）水和剤600倍（8月4日はマンネブ水和剤600倍）の単用散布.
b）薬剤散布日間の累積降水量（mm）.
試験場所：佐賀県果樹試験場.
引用：田代暢哉（2009），植物防疫 63（4），212.

や低濃度のマシン油乳剤の可能性を明らかにする必要がある.

展着剤の耐雨性向上効果は植物成長調整剤（植調剤）のジベレリンのブドウ処理による無核果（種なしブドウ）においてすでに確認されていた．長野果試[15]で各種の展着剤が評価され，エステル型ノニオン系展着剤（アプローチBI）の添加により顕著な効果が品種デラウェアで確認された（表5）．すなわち，洗浄（人工降雨）試験により，ジベレリン処理後2～4時間目の洗浄でも無洗浄（無降雨）と同等の品質（房長・房重・糖度）及び高い無核果粒率が認められ，展着剤添加による耐雨性向上の効果が観察された．現在は他の品種でも広く安定した種なしブドウ生産に本技術が実用化されている．同様にジベレリン以外の植調剤ではリンゴの摘果剤NAC水和剤（ミクロデナポン）やブドウの花振るい防止剤メピコートクロリド液剤（フラスター）等にも実用化され，高品質の果物の安定生産に展着剤が貢献している.

展着剤の耐雨性向上は除草剤，特に非選択性除草剤において実用化されている．非選択性除草剤の中でもグリホサートに関しては各種の界面活性剤がアジュバントとして検討され，特に海外ではシリコーン系展着剤が広く普及している．1992年にReddyとSingh[16]によって2種のアジュバントの添加効果が検討

表5　ブドウの無核果に及ぼす展着剤の添加効果（耐雨性試験）

アプローチBI濃度（%）	洗浄までの時間（時間）	房長（cm）	房重（kg）	無核果 粒重（g）	無核果 粒数	無核果粒率（%）	糖度
0.1	2	11.9	97.7	55.3	97.9	89.3	21.4
	4	11.6	82.9	76.6	85.5	90.8	20.8
	無洗浄	12.4	109.1	105.6	96.4	99.9	20.9
0.3	2	11.9	88.1	77.8	91.6	93.4	21.0
	4	11.7	88.8	83.7	83.8	97.8	20.9
	無洗浄	11.2	104.6	100.5	95.7	100.0	21.1
無添加	2	11.9	99.2	57.9	80.4	71.5	21.7
	4	12.1	99.7	57.1	81.2	71.5	21.7
	無洗浄	12.9	101.5	97.3	91.0	100.0	21.1

試験場所：長野県果樹試験場.
第1回処理日：ジベレリン100ppm+アプローチBI.
第2回処理日：ジベレリン100ppm+一般展着剤0.01%.
供試品種：デラウェア.
供試展着剤：アプローチBI（エステル型ノニオン系）.
引用：柴寿ら（1974），長野県農業試験場報告書 38，152.

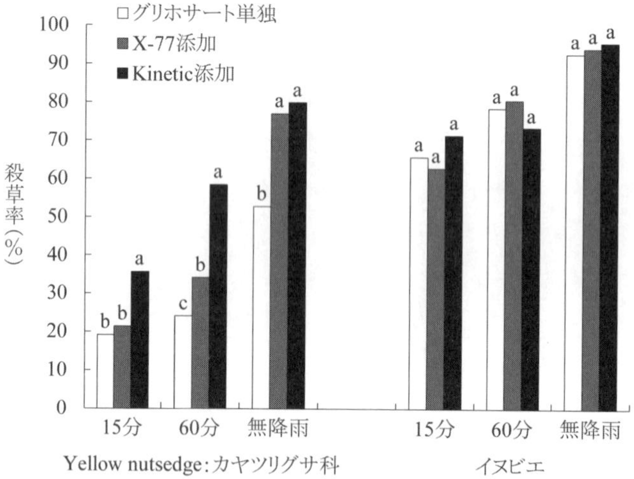

図8　展着剤添加によるグリホサートIPAの耐雨性向上への影響
X-77：ノニオン活性剤，Kinetic：シリコーン系活性剤.
a，b，c：5%有意差検定.
引用：Krishna N. Reddy & Megh Singh(1992), Weed Technol. 6, 361.

され，対象雑草により異なる反応が観察された（図8）．すなわち，除草剤処理15分及び60分後の人工雨においてイヌビエに対してはアジュバントの添加効果は認められないものの，カヤツリグサ科雑草に対してはノニオン系よりもシリコーン系が耐雨性に優ることを確認した．

1-3　今後の開発方向

1955年に鈴木と関谷[17)]が農薬の展着剤について解説している中で，すでに有機塩素系殺虫剤のDDT（1971年登録失効）への展着剤添加による薬効向上を紹介しており，最後に「展着剤は補助剤的な意味で表現されてきたが，適切な名称とは言い難い」と言及している．残念ながら，21世紀に入った現在も，補助剤なる名称のもとで展着剤は論じられている．米国での積極的なアジュバント活用状況を鑑み，十分な散布水量である日本の慣行的な農薬散布条件はまだ無駄が多い現状を踏まえると，積極的な環境負荷低減の観点から農薬の適正使用を推進させる一手段として機能性展着剤であるアジュバント（一般展着剤ではない）は極めて有益な役割を担うことが期待される[18)]．一方，製品差別化や現場での普及性の観点からアジュバントをワンパッケージ化した製剤開発も考えられるが，原体と同等以上の配合量が必要であること及び長期間の製剤安定性に問題があることから，一部の原体を除いて製剤化は極めて困難である．

今後の研究開発の動向として日本では界面活性剤を有効成分とする展着剤が主体であるが，海外（特に米国）では界面活性剤以外の成分（植物油，有機溶剤や無機塩など）が広く利用されていることから，界面活性剤以外の化学物質のアジュバント開発研究や異業種（特に香粧品・医薬品分野）で実績のある界面活性剤の応用研究が盛んになると予測される[19)]．展着剤の今後の課題として下記の3点を挙げることができ，単に効果向上作用でなく省力化やコスト削減の視点に立った施用技術（散布水量や処理濃度の低減）の確立が期待される．①は製造会社の主な役割，特に新機能としてドリフト防止剤の開発，②は製造会社のみならず全国の試験機関の主な役割でもっと多くのエビデンスが求められ，③は産官学の共同のもとに散布機器メーカーの協力が必須になる．

①リスクのより少ない機能性展着剤（アジュバント）の開発及び普及

②アジュバント技術の普及において適用できる農薬と適用できる作物の整理
同時に適用できない農薬と適用できない作物（生育ステージも含む）の整理も含む

③アジュバント技術の普及において散布機器も含めた施用技術の構築

上手な選び方・使い方のポイント　基礎編（1）

Q1：展着剤はどれも同じとの認識がありますが，どのような種類がありますか？

A1：展着剤は作物等への付着性や混用時の物理化学的性状を改善する目的で主剤（殺虫剤・殺菌剤・植調剤等）に添加される補助剤の総称であります．商品コンセプトに基づき，一般展着剤，機能性展着剤，そして初期付着量が増大する固着剤，さらに空中散布用途でドリフト防止剤（2011 年に登録失効して対象製品はありません）に分類されます．2013 農薬要覧によると，日本では展着剤として 63 品目が農薬登録されています．展着剤は殺虫剤・殺菌剤・除草剤等と同様に安全性データや薬効薬害データ等の審査をクリアーして農薬登録を認可後に初めて販売できます．

Q2：展着剤を添加する順序で効果に差はありますか？

A2：従来は展着剤・乳剤・水和剤の混用に際にテニス（展着剤→乳剤→水和剤）が推奨されています．それは物理化学的性状の改善として殺虫剤と殺菌剤の混用時の凝集防止を目的として最初に展着剤を添加して分散・乳化を良い状態に維持させる必要があるためであり，従って最初に添加することが推奨されています．しかし，泡立ちのある展着剤や機能性展着剤を添加する場合には最後でも効果に差はありません．またマシン油乳剤を添加する場合は殺菌剤や殺虫剤を先に溶かしておいてから最後に添加します．なお各主剤の製品情報として添加が不可な展着剤もありますので，製品ラベル，指導機関などや展着剤の販売元に混用可否情報を確認する必要があります．

Q3：乳剤の場合には展着剤の添加は一般に展着剤が多く配合されているので不要と聞いていますが，どうでしょうか？

A3：乳剤には乳化剤という助剤が水和剤用助剤（分散剤，湿潤剤等）よりも多く配合されていますが，展着剤が多く配合されているという表現は正しくありません．乳剤に所謂一般展着剤の添加は不要ですが，機能性展着剤は生物活性の向上に添加効果が期待できます．奈良農総センターによる室内試験（散布水量を低減した試験条件，図 6 参照）でその傾向が実証されています．

第２章　展着剤の選び方と使い方（各論）

第２章　展着剤の選び方と使い方（各論）

2-1　農薬と展着剤

農薬取締法によれば，農薬は農作物（樹木・農林産物を含む）を害する病原菌，昆虫，ダニ，線虫，ネズミ，その他の動植物（雑草はここに含む）又はウィルスの防除に用いられる殺菌剤，殺虫剤，その他の薬剤及び農作物の生理機能の増進又は抑制に用いられる成長促進剤，発芽抑制剤などの薬剤と定義される．その中でその他の薬剤は，除草剤・殺そ剤・誘引剤や補助剤などに分類され，補助剤が展着剤であり，従って展着剤も農薬のひとつに分類される．

農薬は用途から殺虫剤，殺菌剤，除草剤，植物成長調整剤（植調剤）や展着剤などに分類される．まず過去の農薬生産量の経緯を剤型別に見ると，以前は粉剤が主流であったがドリフト問題と作業性により 1985 年以降は粒剤が主流になり，最盛期には合計で約 700 千トンの生産量であったものの，2002 年で 307 千トン，2012 年では 235 千トンであり 10 年間で約 24%の減少になる（図 9）．

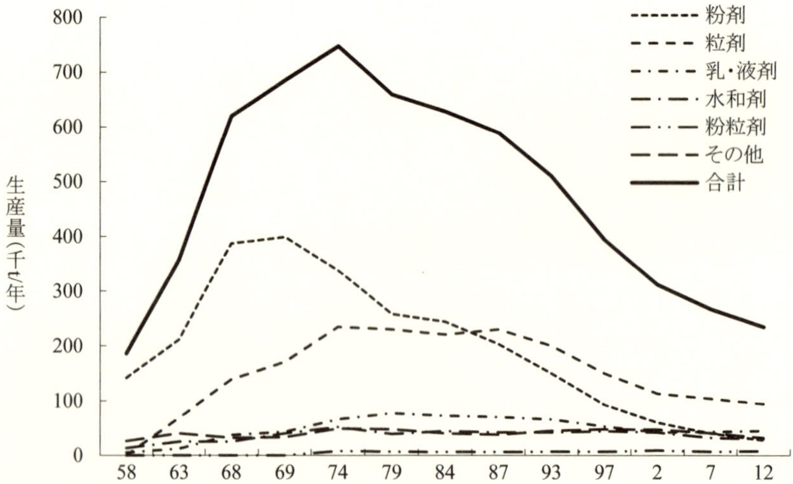

図 9　日本における農薬の剤型別生産量の推移
農薬要覧から作成．

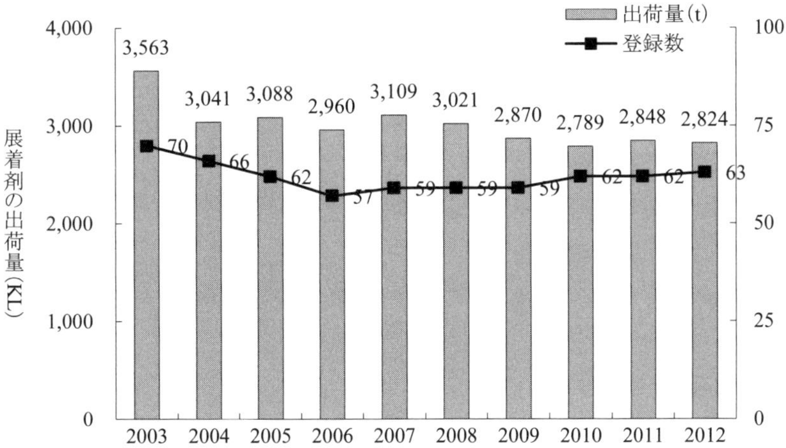

図 10　日本における展着剤の出荷量と登録数の推移
農薬要覧から作成.

一方，過去 10 年間の展着剤の出荷量の推移を見ると，3,563 トンから 2,824 トンへ 21%減少している（図 10）．その間，登録数も 70 から 63 品目へ同様に減少している．

地区別で見ると北海道が断トツで約 18%のシェアを占有し，続いて群馬・青森・長野・愛知の順になり，上位 5 県で約 42%になる．その主要な対象作物として北海道は麦類・豆類などの畑作物やタマネギ，群馬はコンニャクやキャベツ，青森はリンゴやニンニク，長野はリンゴ・ナシなどの落葉果樹，キャベツやアスパラガス，愛知はキャベツやブロッコリー，キクなどになる．展着剤の分類は次に詳細に説明するが，過去 10 年間の出荷推移をみると，最近は単なる濡れ剤としての一般展着剤から多機能なタイプへ移行している傾向が見られる．

また展着剤の出荷量を登録会社別で見ると，2012 年度で 21 社に出荷実績があり，花王が最大で約 22%のシェアであり，続いてアビオン，三井化学アグロ，北興化学，アグロカネショウになり，上位 5 社で約 6 割を占有している（表 6）．さらにクミアイ化学，協友アグリ，日本農薬，シンジェンタ，日本曹達が続き，上位 10 社で全体の 9 割を超える．会社別に農薬登録を保有する品目数ではアグロカネショウが 8，花王が 6，住友化学とクミアイ化学が各 5，日本農薬が 4 であり，全体で 63 品目になる．

表 6　会社別の展着剤の出荷量推移

登録会社	2003	2004	2005	2006	2007	2008	2009	2010	2011	2012
花王	577	547	544	569	612	642	658	634	649	611
アビオン	49	84	99	120	152	177	248	252	300	333
三井化学アグロ	376	206	353	221	310	276	139	285	323	328
北興化学	216	237	228	233	232	253	245	236	246	250
アグロカネショウ	379	326	343	331	324	330	345	325	184	212
クミアイ化学	282	250	231	227	221	218	204	195	193	198
協友アグリ	197	189	195	187	181	183	190	195	189	189
日本農薬	309	268	217	156	159	159	140	136	167	155
シンジェンタ	4	169	175	6	176	171	181	170	158	154
日本曹達	102	115	52	108	183	104	99	91	117	118

単位：kL，農薬要覧から作成.

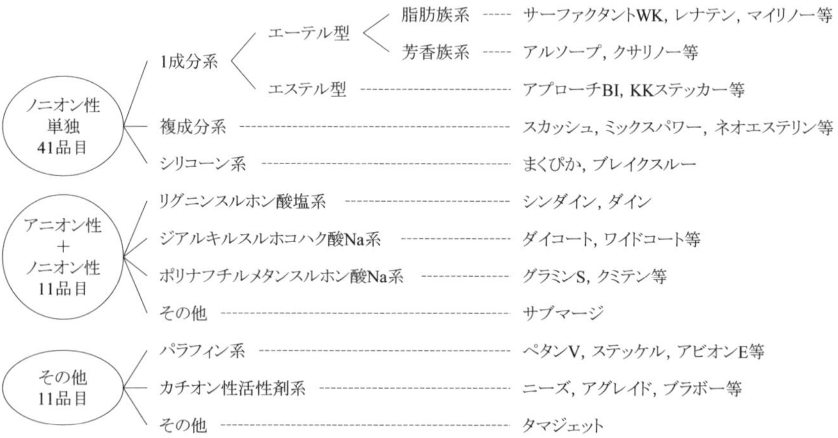

図 11　有効成分からみた主要な展着剤の分類

2-2　展着剤の分類と機能

1）展着剤の分類と機能

展着剤を有効成分から分類すると，非イオン性界面活性剤（ノニオン）が主流であるが，陰イオン性界面活性剤（アニオン）が配合されたものや陽イオン性界面活性剤（カチオン）が配合されたものもあり，①ノニオン単独，②アニオン配合，③その他の 3 グループに大別することができる（図 11）．もっとも製品の多い①ノニオン単独（41 品目）は 1 成分系と複成分系，シリコーン系，1 成分系はさらにエーテル型ノニオンとエステル型ノニオンへ細分類できる．

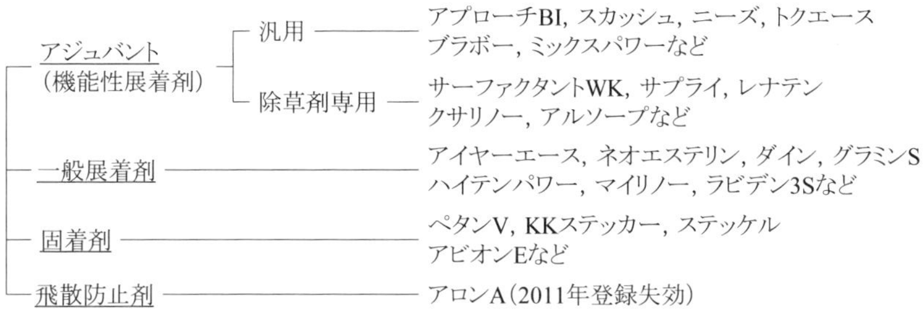

図 12　商品コンセプトからみた主要な展着剤の分類
2013 農薬要覧及び各社の製品情報より作成.

一方，商品コンセプトから展着剤を分類すると，従来は機能性展着剤（アジュバント），一般展着剤，固着剤，飛散防止剤の 4 種類に大別することができたが，唯一の飛散防止剤は 2011 年に登録失効し，現在は 3 種類である（図 12）．農薬科学用語辞典 [20] によるとアジュバントとは広義には補助剤全般を意味するが，一般的には農薬の有効成分が本来もっている作用を改良する目的に用いられる物質と定義されている．アジュバントの有効成分として日本では界面活性剤が主流であるが，海外では界面活性剤以外にも植物油，マシン油，無機塩や有機溶剤なども多く用いられている．さらに使用方法として製剤中に配合されている方法と農薬散布の際に現地で混合する方法（タンクミックス）があるが，本書では後者の使用方法について説明する．また Holloway と Stock[21] はアジュバントを Spray modifier（濡れ性や拡展性の改善）と Activator（葉面吸収や生物活性の改善）の 2 つのカテゴリーに分類しており，本書では前者を一般展着剤，後者をアジュバント（機能性展着剤）と解釈する．固着剤は有効成分から 2 種類に分類でき，パラフィン系と界面活性剤のポリオキシエチレン樹脂酸エステルがある．

アジュバントは一般展着剤に比べて一般に 1,000～3,000 倍の高濃度で添加されて濡れ性や付着性を改善すると共に特に難防除場面などで農薬の効果を積極的に引き出す剤であり，単に効果を高めるだけでなく農薬散布の作業時間を含む総経費削減の利点が生産者に還元されるものである．一般展着剤は，散布ムラをなくす観点から散布液の表面張力を下げることにより拡展性を改善し，アジュバントに比べて一般に 5,000～10,000 倍の低濃度で添加されて濡れにくい作物や病害虫などへの付着性を改善する．また低泡性の機能のものや水和剤と乳剤などの混用性を改善する機能のものがあり，物理化学的性状の観点から現場の作業性を改善することができる．固着剤は初期付着量を1割以上高めることにより，殺菌剤などの耐雨性を高めて残効性を延ばすことができ，特に保護殺菌剤への添加により効果が期待できる．パラフィン系固着剤はパラフィンを乳化させたもので，植物体にワックス層を形成して薬剤を固着させる作用がある．添加する濃度は，アジュバントと同様に1,000倍が一般的であり，最高濃度では200倍で添加する．前述のように空中散布における飛散防止を目的とするドリフト防止剤が日本では1品目(アロンA:ポリアクリル酸ナトリウム2%)のみが農薬登録されていたが，2011年に登録失効して現在ドリフト防止剤は存在しない．

2）開発経緯

過去の展着剤の開発経緯を簡単に振り返ると[17]，大正12年頃からカゼイン石灰（カゼイン15%と消石灰85%の混合物）が代表的な製品であり，ボルドー液や銅剤などの農薬に添加して効果を向上させる試みが行われた．それ以前にはゼラチン，寒天や澱粉などが特殊な場合に添加され，硫酸ニコチン，除虫菊やデリス剤が普及すると石鹸類が重視されたものの，展着剤としての考え方は一般的ではなかった.昭和5年頃から松脂展着剤,次にロジン酸石鹸が出現し，昭和 10 年頃にヒ素剤やボルドー液へ添加されて濡れ性の悪い作物への普及が拡がった．その後，当時の経済事情から輸入原料に替わる製品として大豆油やヤシ油を原料とする製品が現れた．さらにヤシ油の供給が困難になると，植物油に切り替えられた．戦後はしばらく混沌とした状況が続き，茶の実，アルギン酸や澱粉などの代替原料による対応が現場で実施され，資材不足が落ち着くと，脂肪酸エステルや脂肪酸硫酸化エステルなどの油脂系展着剤，石油系炭化水素硫酸化物を主成分とするチーワ展着剤，さらに戦前のカゼイン石灰と松脂展着剤が復活して使用された．その後は硫酸ニコチン，除虫菊やデリス剤の使用量の減少と共に石鹸類も減少し，同様にヒ素剤の減少と共にカゼイン石灰も急減し，1953~1954年にかけて展着剤としての登録が失効した．1955年頃から非イオン性界面活性剤やソープレスソープが展着剤として応用されるに至り主要な位置づけになり，かつては汎用であったヤシ石鹸，魚油石鹸や粉末石鹸などが 1974 年までに登録失効になった．

1970 年代まで所謂一般展着剤の時代であり，有効成分は製剤助剤（分散剤，湿潤剤，乳化剤等）として一般に使用されていた陰イオン性や非イオン性界面活性剤を配合して製品化され，現場で混用時の物理化学的性状の改善に貢献していた．1980~2000 年は浸透剤やカチオンを始めとする多機能な製品が上梓されてきたが，まだ一般展着剤が主流であった．1990 年代後半は環境ホルモン問題でノニルフェノールを原料とする非イオン性界面活性剤が有効成分である展着剤の見直しが進み，さらに 2006 年のポジティブリスト制度施用後はドリフト対策に伴い，過剰な散布水量から適正な散布水量へ見直されて北海道を中心にドリフトレスノズルの普及と共に，一般展着剤から機能性展着剤へのシフトが加速されている．その流れの中で顕著な濡れ性を示すシリコーン系タイプが上梓されている．今後の開発として欧米ではすでに実用化されているドリフト防止剤の開発・商品化・普及が日本でも予測される．

2-3　界面活性剤とは

展着剤を有効成分からみると，約 9 割に界面活性剤が配合されており，さらに展着剤の相棒になる農薬製剤においても乳化剤，分散剤や湿潤剤等として重要な役割を担うのが界面活性剤である．そこで界面科学の現象も含めて界面活性剤の基本的な特長についてまず理解することが重要になる．

1）身近な界面科学の現象

界面とは固体か液体，気体のうち，一般に 2 つの物質が接触している境界の面を言い，2 つの界面として液体/気体，固体/気体，液体/液体，液体/固体などの事例がある（表 7）．霧の場合は界面が液体/気体であり，気体中に約 5 μ m の液状の水粒子が分散した状態である．微細な水粒子からなる霧は微風によって容易に動き，同様な現象としてミスト機による農薬散布における薬滴（約 100μm 未満）のドリフトを挙げることができ，2006 年のポジティブリスト制度導入後は農薬のドリフト対策は重要な課題になっている．また牛乳の場合は界面が液体/液体であり，液状の水中に液状の脂肪が混じり合った状態である．この「混じり合う」現象は砂糖や食塩が水に溶ける「溶解」とは全く異なる．本来は水と脂肪は混じり合わないが，ミルクカゼインというタンパク質が界面活性剤と

表7　身近な界面科学の現象（分散系の種類）

分散相	分散媒	分散系名称	分散系事例
気体	気体	―	―
〃	液体	泡（泡沫コロイド）	泡沫，泡沫食品
〃	固体	固体コロイド	スポンジ，軽石
液体	気体	気体コロイド（液体エアロゾル）	霧，しぶき
〃	液体	エマルション	牛乳，マヨネーズ
〃	固体	固体コロイド	寒天ゼリー
固体	気体	気体コロイド（固体エアロゾル）	燻煙，ほこり
〃	液体	コロイド，またはサスペンション	インキ，塗料，濁水
〃	固体	固体コロイド	着色ガラス

して重要な役割を担い，外観上は均一な相を形成する．牛乳から作られるバターの界面は液体/固体であり，油状（脂肪）の固体に液状の水粒子が混じり合っており，バターは牛乳の裏返しの状態になる．

2）農作物に対する濡れ性

日本は温帯モンスーン気候に位置し，春夏秋の3シーズンに菜種つゆ，梅雨，秋りんとして豊富な雨が降り，大地を潤して農作物を育てている．雨に作物が濡れる際にも界面科学の現象を観察することができる．多くの作物の表面はワックスで覆われており，雨により濡れにくい性質を持っている．作物の葉の濡れ方は葉面ワックスの量やその化学組成，さらに微細構造によって変わる．木村[22]は作物葉の雨水の付着量を調べ，ムギやキャベツなどは付着量が少なく，トマトやナスなどは付着量が多い作物であり，付着量の違いは葉面の微細構造に依存しており，トマトやナスは葉面が粗であるのに対し，サツマイモやキャベツは葉面が平らであるためと考察している．また同じ作物でも葉齢によって異なり，成葉では付着量が多く若い葉では付着量が少ない傾向を観察している．濡れやすい作物でも濡れにくい作物でも葉齢の老若によってその傾向を観察できるが，葉のワックス量，付着状態及び微細構造に大きく依存している．雨は作物にとって恵みとなるが，一方で物理的，化学的，生理的な悪影響も作物に及ぼしている．

農業分野では農薬を作物に散布する際に作物の葉面上で農薬が濡れる現象を観察できる．農薬製剤の中で乳剤は作物にもっとも濡れやすいが，水和剤を散布した際には濡れ性が劣る現象を生産現場にて観察することができる．またドリフト防止対策で導入されたドリフトレスノズルを用いると，作物への濡れが悪くなり効果に不安であると言う現場の声も聞こえ，生産現場では作物への濡れ性と薬効に大きな関心が向けられていることから農薬散布時の濡れ性の重要性が理解できる．

3）界面活性剤の種類

界面活性剤（表面活性剤とも言う）は両極性物質（両親媒性物質）であり，親油性（疎水性）部分と親水性部分をひとつの分子内に併せ持った化学構造である．一般的に界面活性剤のモデル構造はマッチ棒で示され，丸い部分が親水基，棒の部分が親油基である（図 13a）．代表的な界面活性剤である石鹸（ステアリン酸ナトリウム）の構造を例に挙げると，親油性部分が長いアルキル鎖，親水性部分がカルボン酸塩に相当する．また界面活性剤は親水・親油バランスによって 2 相の境界面に吸着されて界面の状態や性質を著しく変える作用を有する物質の総称でもあり，石鹸水の添加により水と油が混じり合って均一相になる現象が代表的な乳化事例である．界面活性剤は親水基と親油基の組合せによって各種のタイプが存在するが，親水基の電荷状態（イオン性）によって 4 タイプに大別できる（表 8）．すなわち，マイナスでは陰イオン性（アニオン），プラスでは陽イオン性（カチオン），電荷のない場合は非イオン性（ノニオン），

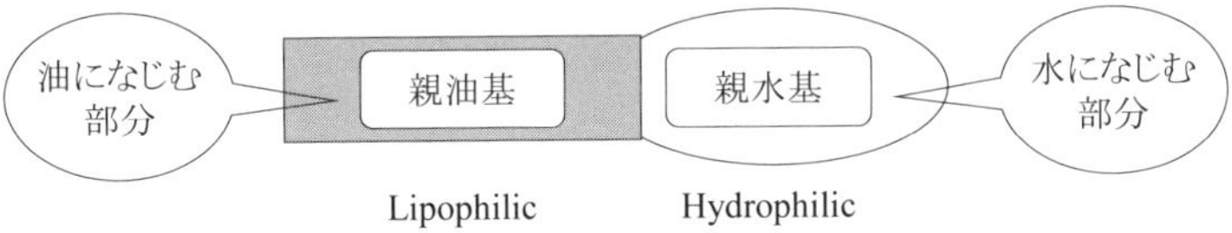

図 13a　界面活性剤のモデル構造

表 8　界面活性剤の分類と主要な用途

イオン性	モデル構造	主要な機能	主要な用途
陰イオン性（アニオン）	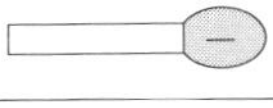	分散能	洗剤，シャンプー，乳化剤，分散剤
陽イオン性（カチオン）	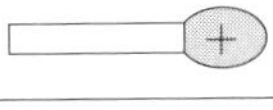	吸着能	リンス，柔軟剤，防カビ剤，殺菌剤
非イオン性（ノニオン）	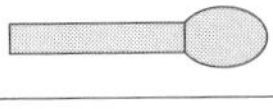	低濃度 cmc	洗浄剤基剤，乳化剤，可溶化剤，湿潤剤
両イオン性（両性）	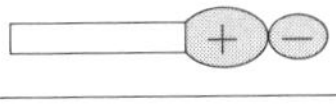	水溶液状態で陰/陽イオン	シャンプー/リンス基剤，柔軟剤，防錆剤

pHによって，プラスに帯電したりマイナスに帯電する場合は両イオン性（両性）と称される．

日本で産業向けに様々な業種で販売されている界面活性剤は 5,000 種を超える品目があり，其々の業種において特有な界面活性剤が使用されている．2006 年の工業会統計によると，日本国内の界面活性剤総需要量は約 80 万トンであり，タイプ別ではノニオン約 5 割，アニオン約 3 割，続いてカチオン，両イオン，調合の順になる．需要分野別では繊維，香粧・医薬，ゴム・プラスチックの順であるのに対して農薬・肥料は僅か数％である．商品数で見ても需要量と同様な傾向にある．農業分野，とりわけ農薬において使用されている界面活性剤はノニオンとアニオンが主体であり，農薬・肥料以外の業種で多様な界面活性剤が商品化されている実態が分かる．

4）基本的な性質

界面活性剤は化学構造上の特長から一般の分子には見られない 2 つの基本的な性質を持っている．すなわち，①吸着：界面で配向吸着して界面の状態や性質を変化させること，②会合：ある濃度を超えると界面活性剤同士が集まって（会合）小さな集団（会合体：ミセル）を作り，混じり合った状態になることである（図 13b）．界面活性剤は低濃度では分子が単分散状態で溶解しているが，ある濃度以上になるとミセルが形成され，親水基と親油基バランスに応じて球状ミセル，棒状ミセル，平板状二分子膜などの集合形態を取る．例えば，イオン性界面活性剤は濃度の増大と共にイオン性基間の反発が減少するため，ミセル形状が球状から棒状，さらに板状へ変化することが知られている．この 2 つの基本的な性質（吸着と会合）に基づき，界面活性剤は分散・乳化・可溶化・起泡・潤滑・濡れ・洗浄・触媒作用などの様々な機能を発現する．数十分子から数百分子の界面活性剤の集合であるミセルが出来始める濃度を臨界ミセル形成濃度（cmc）と呼び，cmc 近傍において界面活性剤水溶液の物性（洗浄力・可溶化・表面張力等）は大きく変化する（図 14）．すでに説明している一般展着剤は cmc よりも低い濃度で添加され，現場では単なる濡れ剤として使用されている事例が多い．またマイクロエマルションと呼ばれる剤型は界面活性剤が cmc 以上の濃度で添加されて可溶化された系であり，可溶化ではミセルがミクロな親油的領域を作るのでミセル溶液は不溶性の油性物質（農薬原体）を溶解

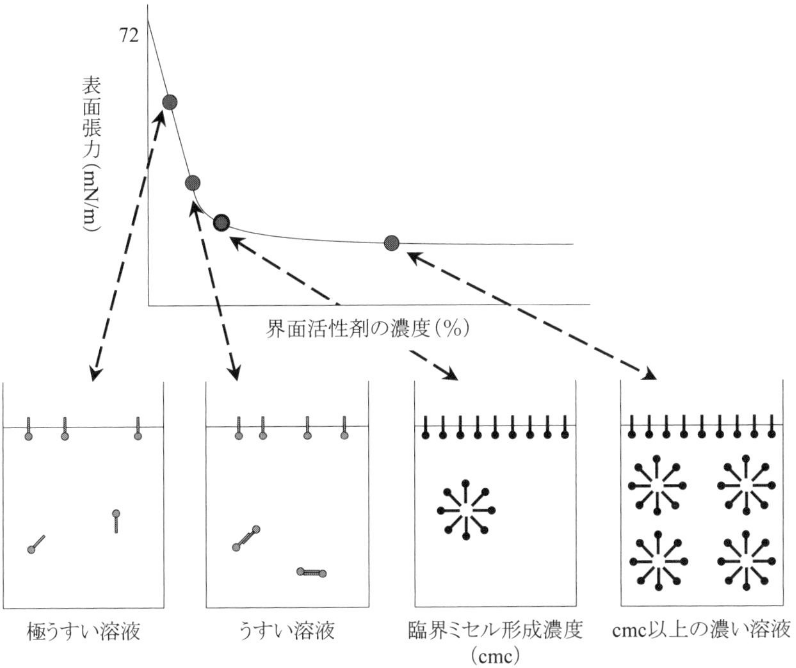

図 13b　界面活性剤水溶液中のミセル状態と表面張力

させることができる．

5）分散と乳化

ある媒質の中に別の物質の粒子が分散している系を分散系と言い，様々な分散系がある（表 7）．分散は広義には表 7 の総称であるものの，狭義には固体粒子が液体中に分散した固体/液体であり，サスペンションまたはコロイドと呼ばれる．サスペンションはコロイドに比べて粒子が大きいため，仲人役の物質を加えたり機械的な手段によって初めて系の安定性を保つことができる．サスペンションを安定化するための仲人役の物質（界面活性剤）が分散剤であり，工業的に広く利用されている分散の大部分がサスペンションで，水系と非水系に大別される．

分散の中で，お互いに混じり合わない 2 つの液体が微粒子状になって均一化した系をエマルションと呼び，お互いに混じり合わない 2 つの液体をエマルション化することが乳化である．エマルションには，連続相が水で不連続相が油

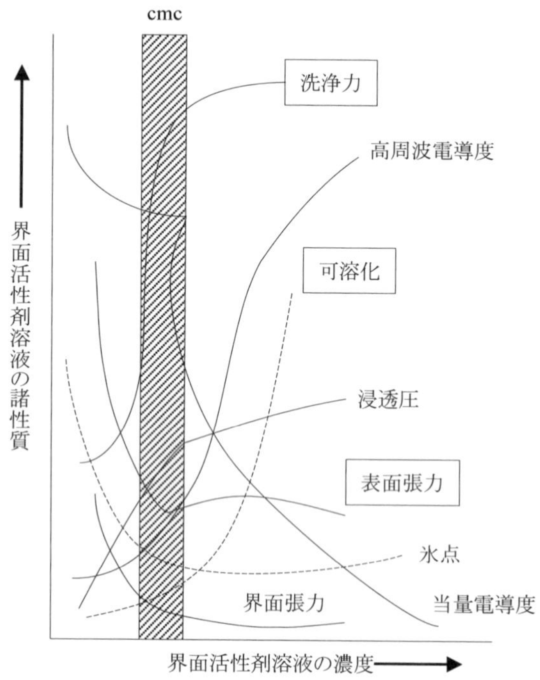

図14　界面活性剤の濃度による溶液の性質変化

になっている水中油滴型（Oil in Water，O/W型）エマルションと，連続相が油で不連続相が水になっている油中水滴型（Water in Oil，W/O型）エマルションの2つがある（図15）．O/W型の代表が牛乳であり，W/O型としてバター（マーガリン）を挙げることができる．エマルションがO/W型とW/O型のどちらになるかは，一般的には量の少ない方が不連続相，多い方が連続相になる傾向がある．また乳化剤に用いる界面活性剤の親水性と親油性のバランスによっても異なり，このバランスを表すものとしてHLB値がありグリフィンによって提唱された計算式が一般的である．グリフィンは数多くの乳化実験の結果，ノニオン性界面活性剤選択の指針としてHLBを数値化している（図16）．このHLB値は0〜20の範囲にあり，界面活性剤の親水性が強いほど大きな値になり，親油性が強いほど小さな値になる．HLB値は乳化のみならず，洗浄・湿潤・消泡・可溶化などの界面活性剤が保有する機能の参考にもなる．

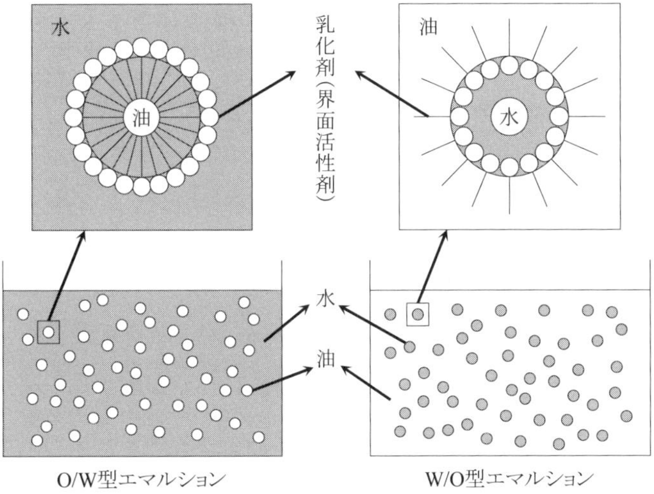

図15　2種類のエマルションモデル

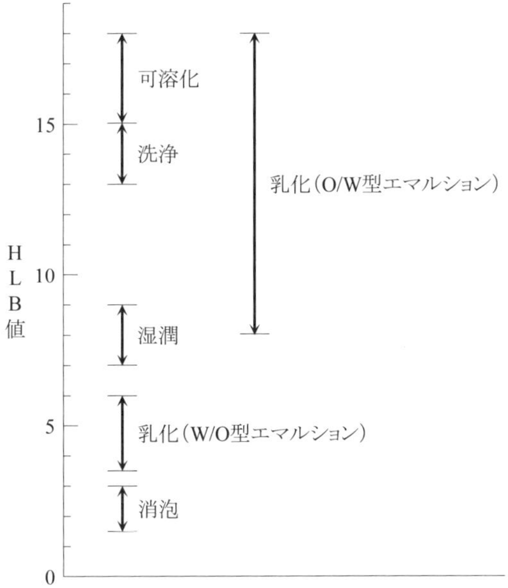

図16　界面活性剤の機能とHLB値との関係

農業現場において，農薬を水で希釈して散布する際，分散と乳化を普通に観察することができ，水和剤が分散，乳剤がエマルションに相当する．農薬会社では乳剤を製品化する際にHLB値を考慮して一般にHLB値8～18の乳化剤を選定して製剤化されている．

6）散布薬剤の動きと付着

散布機から吐き出された薬剤は空気，土壌等の媒体中を移動して落下・衝突・拡散等の過程を経て標的部位に到達する．その過程において（又は標的部位に到達後も）薬剤を消失させる作用を示す様々な要因の中で気象条件（温度・湿度・光・風など），散布機器，粒子の大きさや性質，標的部位等の影響を受ける．散布された薬剤の動きと薬剤が受ける作用を模式的に示した[23)]（図17）．展着剤の添加効果を考える際に薬剤の動向として，水滴の付着（濡れ）について基礎的な知識を知ることが重要になる．

空気中の粒子は重力によって落下して標的に衝突するが，水で希釈された液体粒子は落下中に水分が蒸発して粒径が小さくなる．この現象は温度・湿度等の気象条件により異なるが，高温では粒径が小さいほど全体の表面積は大きくなり，さらに蒸散も大きくなって消失までの時間は短くなる傾向が見られる．一般に静止空気中で自然落下する粒子は，レイノルズ数が小さい場合，ストークスの法則に従って空気抵抗を受けながら落下し，次式にて落下速度を表すことができる．

$$V=gd^2\rho d/18\eta$$

V：落下速度（m/s），g：重力の加速度（m/s^2）

d：粒径（m），ρd：粒子の密度（kg/m^3），η：空気の粘性率（$N\cdot s/m^2$）

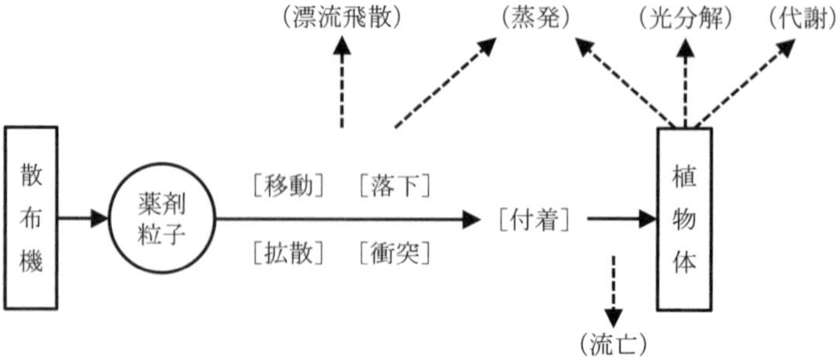

図17　散布された薬剤の動き
引用：守谷茂雄（1990），日植防，農薬の散布と付着，III 薬剤の動きと付着，p.36.

一般的な状態では落下速度にもっとも影響を及ぼすのは粒径の大きさdである．粒径の2乗に比例するので粒径が大きくなると，落下速度は急速に増加する．小さい粒子は標的に到達するまでに風の影響を受けたり，水の蒸散によってさらに小さくなる．水滴が風の影響を受ける例としてBrooksの計算にて粒子のドリフトが提示されている[23]（図18）．地上3mの高さから粒子を落下させた場合，風速1.34m/秒程度の風でも小さい粒子はかなり遠くまで流されてドリフトが発生することが分かる．従って風や上昇気流の少ない時間帯（朝夕）に農薬散布することは，ドリフトを少なくして標的部位への薬剤到達を高めることに有利に働くことになる．

次に標的部位への付着（濡れ）について説明する．固体表面が液体に接触した時，気体/固体界面が消失して新たに液体/固体界面が生まれる現象が濡れであり，界面活性剤はこの現象に大きな影響を及ぼしている．代表的な事例として，気体/液体である空気/水の界面に界面活性剤が吸着すると，水の表面張力

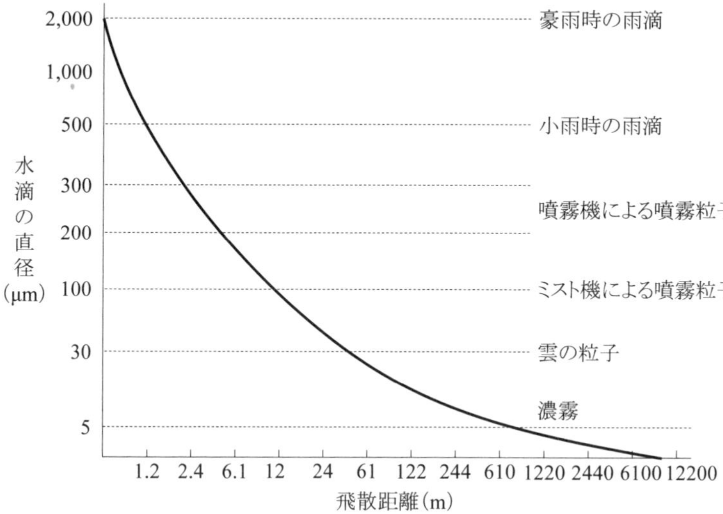

図18　水滴の風による飛散モデル
水滴が3mの高さから落下する間に風（1.34m/秒）によって流される距離．
BROOKSのデータから作図．
引用：守谷茂雄（1990），日植防，農薬の散布と付着，III 薬剤の動きと付着，p.38.

が著しく低下する．すなわち，一般に純粋な水の表面張力は約72mN/mであるが，この水に少量の界面活性剤が添加されると表面張力は約半分の35mN/mまで低下し，顕著な濡れ性の向上が認められる．

その濡れには付着濡れ，浸漬濡れ，拡張濡れの3種類がある（図19）．付着濡れは農薬が作物の表面に散布されて付着し，葉のゆれに耐えて付着している状態である．浸漬濡れ（又は浸透濡れ）は作物の葉表面の間隙や凹凸部へ薬液が入り込む状態である．拡張濡れは作物の葉面上で拡がる濡れ現象であり，農薬散布において3種類の濡れが葉面上で同時に起きている．

固体の表面に水滴をのせると，図20のようになる．右図はある程度の濡れの状態を示しており，液面にひいた切線が固体面となす角度θを接触角と呼び，θがゼロに近いほど良く濡れていることになる．一方，左図のように水滴が完全に球状になって転がる状態は撥水性の高いハスの葉面上で観察されるように非常に濡れが悪い状態を示している．右図では次の3つの力が作用している．

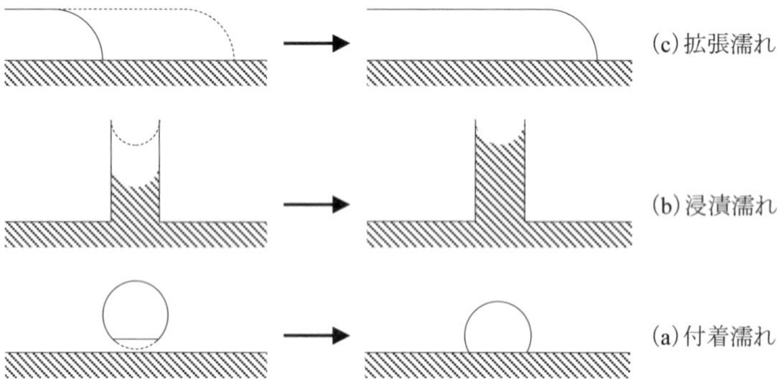

図19　3種類の濡れの型

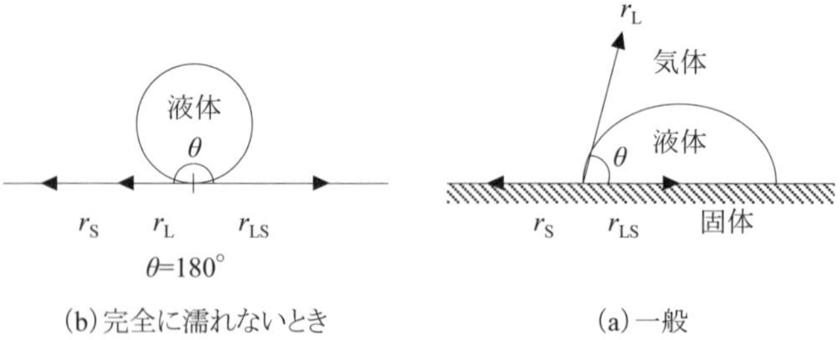

図20　付着濡れの接触角

・液体の表面張力 r_L

・固体の表面張力 r_S

・液体と固体の界面張力 r_{LS}

3 つの力の間には下記の式が成立する．

$r_S > r_L \cdot \cos\theta + r_{LS}$：濡れは広くなる

$r_S < r_L \cdot \cos\theta + r_{LS}$：濡れは狭くなる

$r_S = r_L \cdot \cos\theta + r_{LS}$：水滴は静止状態

この式から接触角は次のように示される．

$\cos\theta = r_S - r_{LS} / r_L$

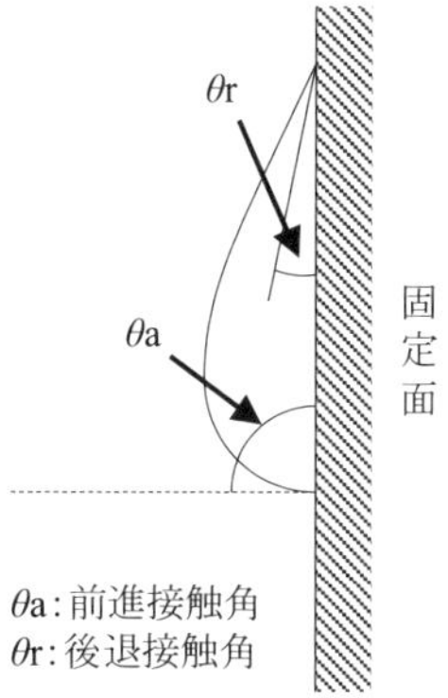

図 21　濡れのヒステリシス
引用：千葉馨（1990），日植防，農薬の散布と付着，IV 付着に関する界面化学，p.61.

展着剤を農薬へ添加すると，有効成分の界面活性剤の界面張力低下作用に基づき，接触角 θ を減少させることになる．植物の実際の葉は様々な傾斜角をもって生育しており，水平面の時の接触角だけでなく，前進接触角 θ_a と後退接触角 θ_r を持つことになる（図 21）．液滴の落下の前面にできる接触角 θ_a は大きく，後退する部分の接触角 θr は小さくなり，このように接触角は 2 つの極限値 θ_a と θ_r の中間の任意の大きさの角度を条件により取ることができ，この性質は濡れのヒステリシスと呼ばれる[23]．現場では傾斜角により θ_a と θ_r をもち，付着濡れでは θ_r，拡張濡れでは θ_a の接触角をそれぞれ用いることになる．

Holloway[24] は主要な作物の葉面上で接触角を観察して濡れやすい作物と濡れにくい作物に大別している．すなわち，コムギ，キャベツ，ネギやサトイモなどは接触角が大きく濡れにくく，インゲンマメ，キュウリ，リンゴやナシなどは接触角が小さく濡れやすい作物である．千葉[23] は代表的なノニオンであるポリオキシエチレンノニルフェニルエーテル（エチレンオキサイド：9.8 モル）を用いて作物の葉の濡れやすさを 3 段階に分類している．この場合，1 枚の葉内でも接触角は 20 度程度のバラツキがあるため，試験条件の明記が重要になる．

・接触角 130 度以上の濡れが悪い作物
　イネ，ムギ類，ダイズ，ネギ，キャベツ，サトイモなど

・接触角 100～120 度
　ブドウ，トマト，ナス，イチゴ，メロンなど

・接触角 90 度以下の濡れが良い作物
　リンゴ，ナシ，モモ，カンキツ，カキ，茶，キュウリ，インゲン，サツマイモなど

なお，これらの結果は同一の作物であっても品種，生育ステージ，栽培環境等によっても異なり，その原因は葉面の構造，植物の表面ワックスの発達度，ワックスの化学組成等が異なるからである．植物の葉の濡れに関しては Holloway[24] の研究があり，図 22 のように固体表面の化学組成及び表面の粗さが関与し，粗さはさらに複合表面と非複合表面に細分される．

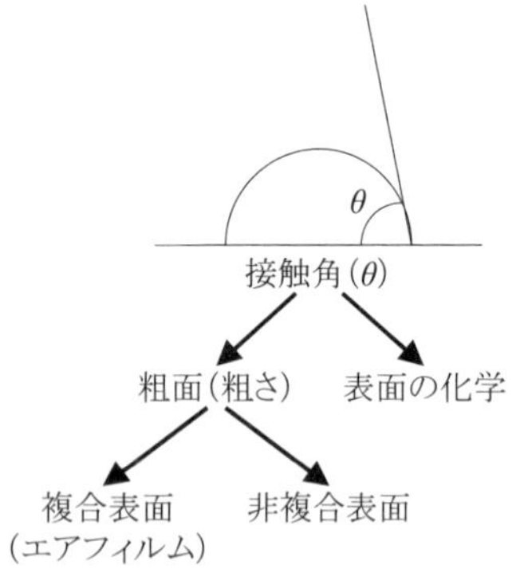

図 22　固体表面の濡れに影響を及ぼす要因
引用：千葉馨（1990），日植防，農薬の散布と付着，IV 付着に関する界面化学，p.65.

7）界面活性剤の植物毒性（薬害）

製剤助剤や展着剤の有効成分である界面活性剤は農薬散布時に間接的に作物に及ぼす作用が観察されているが，直接的に植物に及ぼす作用はあまり知られていない．基礎試験として 1959 年に Furmidge[25] はリンゴとスモモの数品種を用い，浸漬試験にて葉に発生する薬害を観察した．調べた 61 種の界面活性剤の中でノニオンはもっとも薬害が少なく，アニオンも概して影響が少ないのに対し，カチオンは極めて強い薬害が観察された．もっとも薬害の少なかったノニオンでは，エチレンオキサイドの付加モル数が増大すると薬害が減少する傾向が見られた．1964 年に Kawamura ら[26] は脂肪酸塩等のアニオンを用いてキュウリとダイコンの発芽・発根・胚軸伸長に及ぼす影響を調べた．どのタイプのアニオンもアルキル鎖長が C_{12} の時，最大の阻害を示し，C_4 及び C_{18} では阻害が少ない結果が得られた．1964 年に Parr と Norman[27] はキュウリ幼苗を用いて 22 種のノニオンを検討した．その結果，すべてが根伸長を抑制し，エステル型はエーテル型に比べて阻害が少ない傾向が見られ，同じノニオンでもエーテル型とエステル型の違いにより，植物に及ぼす影響が大きく異なることが判明した．

著者ら[28]は 48 種の界面活性剤を供試し，ダイズ，水稲，キュウリ，ナスの幼苗に対する薬害を調べた．薬害はノニオン，アニオン，カチオンの順に茎葉に対して褐変が強くなる傾向が既報告と同様に観察された．さらにノニオンの薬害ではエーテル型と対比してエステル型はほとんど薬害が観察されなかった．薬害とアルキル鎖長の関係では C_8～C_{12} を境にして長くなるに従い，薬害は減少する傾向にあった．アニオンは適度の褐変現象が観察され，選択的な薬害効果が期待できることを確認した．そのアニオンの選択的な薬害効果に基づき，栄養生長と生殖生長に対する薬害の差を応用してアルキルベンゼンスルホン酸カルシウムを有効成分とする摘蕾剤を開発してラッカセイやユリ向け植調剤として農薬登録を取得した[29]．

次に 63 種の展着剤からグループ別に代表的な製品を選定してポット栽培のダイズ及びキャベツに 1%にて散布すると，シリコーン系とエーテル型ノニオン系はとても強い薬害（褐変）を示し，一方でエステル型ノニオン系は高濃度で散布しても薬害は認められなかった（写真 5）．カチオン系は予想に反してエーテル型ノニオン系よりも弱い薬害の傾向であった．その理由は分子量に依存しており，比較的大きな分子量であること及び油溶性のカチオンであることが

写真 5　展着剤の薬害試験（2014 年）
試験場所：丸和バイオケミカル（株）阿見開発センター．
供試展着剤：①シリコーン系（まくぴか），②エーテル型ノニオン系（サーファクタント WK），③カチオン系（ニーズ），④エステル型ノニオン系（アプローチ BI）．
供試品種：エンレイ（ダイズ），輝（キャベツ）．
供試展着剤濃度：1%．
試験：3-4 葉期のポット栽培の幼苗に十分量（約 3mL）を散布して 8 日後に観察．

挙げられ，従ってカチオン系だから薬害リスクが高いと一概には言えないことを確認することができた．

8）界面活性剤による生理反応

まず原形質流動と原形質分離が 1970 年に Haapala[30] の実験によって観察された．エーテル型ノニオンを用いて cmc を境に濃度が高くなるに従って短時間で原形質流動が停止し，続いて原形質分離が起こった．カチオンはアニオンに比べ，極めて低濃度でイネ根毛の原形質流動が停止し，根端細胞では異常な原形質分離も観察された．次にオオムギ切取葉を用いてエーテル型ノニオンが光合成能に及ぼす影響について 1982 年 Stolzenberg ら[31] によって報告された．それによると，250ppm 処理で酸素放出が 17～69%阻害されたものの，ノニオンを取り除くと回復した．一方，ダイズ遊離細胞系を用いた実験ではエステル型ノニオンは炭酸ガス固定能に影響を与えないものの，エーテル型ノニオンやカチオンは同様に強く阻害した．

1967 年に Nethery[32] は 22 種の界面活性剤についてエンドウ根端細胞に及ぼす影響を検討した結果，16 種が 0.1%で細胞分裂を阻害することを確認した．特にエーテル型ノニオン，アニオン，カチオンが強い阻害を示し，界面活性剤の大半が細胞分裂能に影響を及ぼすことが判明した．さらに微細構造への影響が 1978 年 Towne ら[33] によって検討され，カチオンが処理されたダイズ遊離細胞で，膜構造の完全な破壊，エーテル型ノニオン処理では葉緑体のグラナに顕著な変化を観察した．

花粉を用いた in vitro 試験で発芽，発芽管伸長に及ぼす影響が 1980 年に Pfathler[34] によって検討された．その結果，エステル型ノニオンは 1000ppm 処理でも正常であるのに対してエーテル型ノニオンでは 10ppm 処理で著しい阻害を示すことが観察され，農薬製剤用助剤や展着剤に広く利用されているエーテル型ノニオンやアニオン系の界面活性剤による不稔のリスクが懸念された．

2-4　農薬製剤と界面活性剤

1）製剤技術の開発動向

医薬品に錠剤，カプセルや軟膏などがあるように，農薬を使いやすく，防除効果を効果的に発現させるために農薬も様々な形に仕上げられている[35,36]．これを製剤技術と呼び，製剤化において界面活性剤は重要な役割を担っている．農薬の製剤技術における目的として下記の 5 点を挙げることができる．

・農薬を利用しやすい形にする
・農薬の効果を最大限に発現させる
・農薬使用者の安全性を高め，かつ環境への影響を最小限に抑える
・農薬散布時の作業性を改善し，省力化・省資源化する
・既存農薬の機能を高めて用途を拡大させる

農薬要覧の統計によると，2012 年度の農薬製剤生産量はピーク時の約 3 割の 235 千トンで，用途別では殺虫剤が 83 千トン，除草剤が 73 千トン，殺菌剤が 44 千トン，殺虫殺菌剤が 23 千トンである．一方，剤型別で見ると粒剤が最も多く 94 千トン，次いで乳剤・液剤が 45 千トン，水和剤が 30 千トン，粉剤が 28 千トン，粉粒剤が 8 千トンと続く（図 9）．また特許庁の解析によると[37]，1978 年から 2000 年 3 月までに日本で公開された農薬関連の特許・実用新案の出願件数は約 31 千件あり，その内訳として病気防除 20%，害虫防除 18%，雑草防除 17%，混合剤 26% であり，製剤関係は 19% もある．製剤の技術課題として農作業の軽減化や省力化，農業従事者や環境に配慮した農薬施用技術が挙げられ，さらに新規農薬開発の減少を背景とした既存農薬の差別化や作用スペクトラム拡大の必要等から，製剤の技術開発の重要性がさらに高まっている（図 23）．製剤の技術開発に関連する出願は 1980 年代以降，明らかに増加する傾向にあるが，本書では国内外から出願されている個別の特許については言及しない．

2）製剤化における界面活性剤の機能と役割

界面活性剤はすでに詳細に説明しているように，アニオン，ノニオン，カチオン，両イオン性（または両性）の 4 種類に大別される．日本で販売されてい

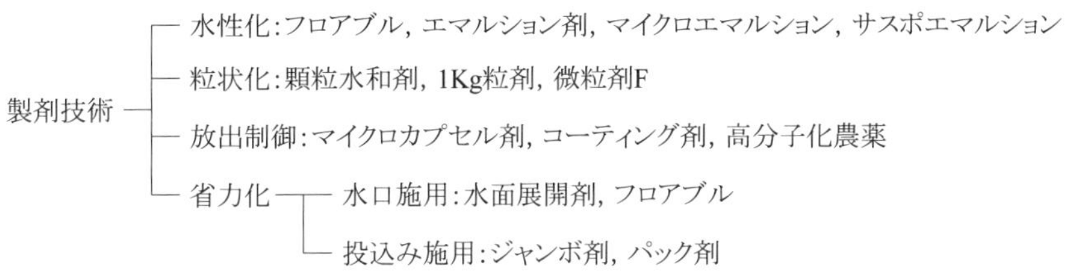

図 23　農薬製剤の技術発展の全体像

る界面活性剤は5000種を超える品目があり,様々な業種において特有な界面活性剤が使用されているが，農薬分野において使用されている界面活性剤は主としてノニオンとアニオンである．農薬の有効成分は原体と呼ばれ，原体の物理化学的性状や作用特性，さらに使用目的等に応じて様々な製剤がある．主要な農薬製剤における界面活性剤の機能と役割を液剤及び固形剤別にまとめている（表9）. 様々な製剤において界面活性剤が製品物性として重要な役割を果たしているが，粒剤の造粒促進剤のように製造工程時に機能を発現している場合もある．各種の農薬製剤用界面活性剤に求められる条件として下記の6点が挙げられる.

・物理化学的に安定であり，原体に悪影響を及ぼさない
・施用後は速やかに環境中で分解される
・農業従事者（農薬散布者）や環境への悪影響が少なく，作物などへの薬害リスクも少ない

表9　主要な農薬製剤における界面活性剤の機能と役割

形状	剤型名	界面活性剤の機能	界面活性剤の役割
液剤	乳剤	乳化剤	散布液のエマルション安定化
	液剤	湿潤剤	散布液の濡れ性・浸透性の向上
	油剤	溶解剤	散布液の溶解性・浸透性の向上
	マイクロエマルション	可溶化剤	散布液の透明なエマルション安定化
	エマルション剤	乳化剤	散布液のエマルション安定化
	フロアブル	分散・乳化剤	散布液のサスペンション安定化
固形剤	粉剤	流動性改良剤 帯電防止剤	製造時に分散性の改善 散布時に分散性の向上
	粒剤	造粒促進剤* 崩壊拡展·溶出制御剤	押し出し造粒工程の簡便化 散布後の溶出コントロール
	水和剤	湿潤・分散剤	水希釈時の水和性の向上 散布液のサスペンション安定化
	顆粒水和剤	湿潤・分散剤	水希釈時の水和性の向上 散布液のサスペンション安定化

*製造工程用助剤

・品質が安定している
・経済的な価格である
・アジュバント機能を有することが望まれる

3）主要な農薬製剤の特長と課題

既存の農薬は過去の開発背景や用途等に応じて，各種の特長を有する製剤として上梓された経緯があるものの，不具合な課題も同時に抱えている（表 10）．ここでは展着剤が添加される主要な農薬製剤について代表的な配合例を挙げて個別に説明する[38]．

表 11　乳剤の代表的な配合例

配合成分	配合量
原体（有効成分）	5～60%
乳化剤	5～15%
溶剤（主として炭化水素系）	バランス

乳化剤：アニオンとノニオンの配合品
アニオン：ABS-Ca，リグニンスルホン酸塩
ノニオン：POP アルキルエーテル，POE アルキルエーテル，POE スチレン化フェニルエーテル等
ABS-Ca：分岐型アルキルベンゼンスルホン酸カルシウム
*POE：ポリオキシエチレンの略
*POP：ポリオキシプロピレンの略

a）乳剤

乳剤は一般に 5～60%の原体，乳化剤及び炭化水素系溶剤等の有機溶剤から構成され，簡便に製造できる透明液体の製剤である（表 11）．乳化剤は一般にアニオンとノニオンの組合せであり，10%未満が主流になっている．乳化剤には良好な自己乳化性と乳化安定性が求められ，水温・水質・希釈倍率などの影

表 10　主要な農薬製剤の長所と課題

剤型名	長所	課題
乳剤	製造の簡便性 原体が液体でも固体でも製造可能 製剤の安定性が良好 薬効が高い	毒性問題（経皮，吸入，環境） 薬害を生じやすい 危険物 PRTR 対象になる（有機溶剤，界面活性剤） 容器廃棄
水和剤	製造の簡便性 原体が液体でも固体でも製造可能 製剤の安定性が良好 容器廃棄の問題なし	粉塵による毒性問題（吸入） 薬効がやや弱い 計量が面倒
粉剤	製造の簡便性 混合製剤が得やすい	ドリフト，付着効率が低い 嵩ばり
粒剤	製造の簡便性 散布しやすい	重量 薬効のバラツキ

響を大きく受けるのでノニオンも複数の組合せになる場合が多くある．使用する際には水で希釈して白濁した乳化液ができ，農薬の粒子径は数～数十 μm と細かく，固形剤に比べて効力は高いが作物に対して薬害が出やすい傾向にある．液剤の中で乳剤は最も広く適用されてきた剤型であるが，最近に上梓される農薬は引火性を回避すべく脱有機溶剤タイプの剤型や顆粒水和剤に移行しつつある．従来から脱キシレンの動きはあったものの，ノニルフェノールを原料とする界面活性剤の見直しによって乳剤からフロアブルやマイクロエマルション等への移行が確実に進められている．

表 12　水和剤の代表的な配合例

配合成分	配合量
原体（有効成分）	5～80%
水和剤助剤	3～10%
キャリア（クレー，珪藻土，タルク，炭酸カルシウムなど）	バランス

水和剤助剤：湿潤剤と分散剤の配合品
湿潤剤：LAS-Na，POE アルキルエーテル，ジアルキルスルホコハク酸 Na，アルキル硫酸 Na 等
分散剤：アルキルナフタレンスルホン酸ホルマリン縮合物，アルキレンマレイン酸共重合物等
LAS-Na：直鎖型アルキルベンゼンスルホン酸ナトリウム
*POE：ポリオキシエチレンの略

b）**水和剤**

水和剤は一般に 5～80%の原体を含有してさらに水和剤助剤（湿潤剤，分散剤），キャリア等から構成される（表 12）．粒径として一般的に 4～5μm の微粉状の製剤であり，各成分を混合，粉砕して製造される．湿潤剤及び分散剤は各種の界面活性剤が選定されて 10%未満の配合であり，一般的には 5%前後である．界面活性剤の種類は湿潤剤用途では主としてノニオンとアニオンであり，分散剤用途ではアニオンである．キャリアとしてクレー，タルク，珪藻土や炭酸カルシウムなどの鉱物が使用される．水で希釈される際に湿潤剤と分散剤は農薬原体と共にキャリアの鉱物をまず湿潤させ，次に安定した分散系を保つ機能が求められる．

水和剤は乳剤と比較して高濃度の製剤化が可能であり，さらに薬害が少ない等の長所があるものの，微粉状であるため計量時の粉塵問題がある．また乳剤と同様にノニルフェノールを原料とするノニオンが配合されている場合が多く，さらに水和剤のキャリアによる果菜類（トマト，ナス，ピーマンなど）の果面汚れの問題を解決するため，ドライフロアブルとも称される顆粒水和剤へ移行

する傾向にある．

c）顆粒水和剤

顆粒水和剤は水和剤の改良版で，粉塵問題を防止するために開発された製剤であり，組成的には水和剤とほぼ同じである．顆粒水和剤は農薬統計上，水和剤に分類される．顆粒水和剤は水で希釈して使う粒状の製剤であり，ドライフロアブルあるいはWG剤とも呼ばれている．粒径は一般的に0.1～1mmの顆粒状の製剤であることから粉立ちによる農薬散布者への被爆がなく，包装容器への付着もなく，且つ流動性が良いことから計量が容易で，排出性が良いなどの長所がある．また製造面では高濃度の製剤化が可能であること及び各種の製造方法があるだけでなく，環境面では使用後の容器の処分問題がないこと等の利点が挙げられる．

顆粒水和剤の製造方法は，粒剤と同様な押出し造粒法を始めとして流動層造粒法，噴霧乾燥造粒法，転動造粒法や撹拌造粒法などが挙げられる．製造方法によって湿潤剤及び分散剤の選定は大きく異なり，さらに得られる製品の形状や物性（水中分散性，水中崩壊性，硬度等）に大きな影響を及ぼすので顆粒水和剤にとって生産性の向上は大きな課題である．

d）フロアブル

フロアブルは難溶性固体の原体が微粒子として分散している懸濁製剤であり，別名ではゾル剤，SC剤とも呼ばれている．分散媒（水または油）の違いにより，水では水性フロアブル，鉱物油や植物油ではオイルフロアブルと称される．フロアブルは湿式粉砕により，一般に数μmの粒子として懸濁している．フロアブルとは異なり，透明あるいは半透明な均一相で0.01～0.1μmの粒径の乳化・分散系をマイクロエマルション（ME）と称し，マイクロエマルションは高濃度製剤ができないものの，薬効及び製剤安定性に優れている．また水に不溶の液状の原体を水中に乳化・分散させた水中油型エマルションをエマルション製剤（EW），フロアブルとエマルション製剤を混合した水系の製剤をサスポエマルション（SE）と称する．

代表的な水性フロアブルの配合例を挙げる（表 13）．組成的には水以外に原体10～50%，湿潤・分散剤，増粘剤，凍結防止剤，防腐剤，消泡剤，結晶析出抑制剤などから構成される．湿潤・分散剤としてアニオンやノニオンが10%以下で配合されている．フロアブルは農薬統計上，顆粒水和剤と同様に水和剤に分類される．フロアブルは水和剤よりも粒径が小さいことから薬効も高く，農薬散布者への粉塵や危険物問題がない等の利点はあるものの，物性面での安定性問題による製剤の有効期間の短さ，農薬散布の現場における混用性問題や製造コスト高の課題を抱えている．現場での使用は一般的に水で希釈して散布されるが，希釈せずに原液を直接散布する除草剤も開発されており，上述の課題解決により今後はさらに増える傾向にある剤型のひとつである．

表13　フロアブルの代表的な配合例

配合成分	配合量
原体（有効成分）	10～50%
湿潤・分散剤	3～10%
増粘剤	0.1～2%
凍結防止剤	1～10%
消泡剤	0.1～0.5%
防腐剤，結晶析出抑制剤	適量
水	バランス

湿潤・分散剤：POE アルキルアリルエーテル，アルキレンマレイン酸共重合物，アルキルナフタレンスルホン酸ホルマリン縮合物，POE アルキルアリルリン酸エステル等
増粘剤：ポリオール誘導体等
凍結防止剤：グリコール類等
結晶析出抑制剤：多塩基酸エステル，脂肪酸エステル等
*POE：ポリオキシエチレンの略

e）今後の開発動向

今後に伸長が期待される製剤としてエマルション剤とマイクロカプセル剤がある．エマルション剤は水に不溶の液体原体を有機溶媒で溶かして乳化剤により，水中でエマルション化した製剤であり，要は乳剤を水で希釈したタイプであり，水性フロアブルに近い製剤と言える．乳剤の欠点を補った製剤であるものの，製剤の長期間の安定性に問題を抱えている．界面活性剤としては保護膜を形成する能力のある高分子量のノニオンとアニオンのドデシルベンゼンスルホン酸カルシウムが添加されている．マイクロカプセル剤は農薬を高分子膜で覆ったもので直径が数～数百 μm の微小球であり，放出制御製剤の代表的なものである．環境にやさしく残効性が長いなどの様々な利点があるものの，製造コスト高から商品数はまだ少ないのが現状である．界面活性剤としてはノニオンやアニオンが分散剤として使用されている．

また農薬取締法の規制強化に伴い，製剤と共に助剤に関する安全性データ及び環境への影響データが要求されている．そのひとつがノニルフェノールやオクチルフェノールを原料とする界面活性剤の見直しである．すでにドイツでは

2004 年半ば，欧州全体では 2005 年 1 月にポリオキシエチレンノニルフェニルエーテルの農薬用乳化剤として使用が禁止されている．これらの界面活性剤は安価で，且つ高い乳化性を有することから国内外で広く使用されていたが，難生分解性及び水産動植物への悪影響問題から代替品への切り替えが進んでいる．

2-5　機能性展着剤の作用特性

第 1 章にて最近の話題の主要な展着剤を挙げ，様々な場面において多面的な機能が確認されることを紹介しているが，ここでは界面活性剤を有効成分とする機能性展着剤の作用特性について紹介する．

1）エステル型ノニオンの高い可溶化能

薬学では製剤学は研究対象になり製剤情報も一般に公開されているが，農薬製剤に関する開発経緯及び最終処方の情報は企業にとって機密事項であり，外部に公表されるケースが少ないのが実情である．薬学においてビタミン E などの油溶性物質の可溶化技術は周知であるが，農薬では可溶化が取り上げられることはあまりなかった．MEP に代表される有機リン剤の乳剤に対してノニオンは高い可溶化能が認められている．すでに図 14 で説明済みであるが，界面活性剤が cmc 以上の濃度に至るとミセル形成に伴い，具体的な現象として白濁した乳化状態（数～数十 μm の粒径）から透明な状態（0.1μm 未満）へ顕著な変化を示すことは周知の事実である（写真 1）．著者ら[39]はエステル型ノニオン（ポリオキシエチレンソルビタンオレイン酸エステル）添加により，複数の農薬（トリアジン，ベノミル）に対して可溶化能が添加されるノニオンの濃度に比例して顕著に向上することを観察した（図 24）．同様にエーテル型ノニオンも可溶化能を有するが，界面活性剤自体で植物毒性（薬害）が強く，さらに可溶化発現と共に薬害が助長されるために殺虫剤や殺菌剤への添加の際に作物に対して薬害を引起こす恐れが高くなる．可溶化は界面活性剤の物性の中で HLB との相関があり，HLB15 から 18 のノニオンがもっとも効果的であることが知られている（図 16）．一方，可溶化能と表面張力は相関がある訳ではなく，表面張力が低いシリコーン系では可溶化能は高くなく，表面張力がそれほど低くない嵩高タイプのエステル型ノニオンが非常に高い可溶化能を有し，その代表がポリオキシエチレンヘキシタン脂肪酸エステル（アプローチ BI）である．元来，こ

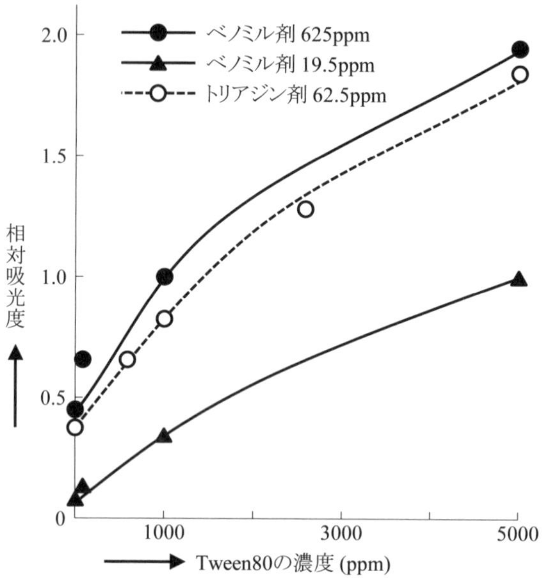

図24　農薬の可溶化能に及ぼすノニオン性活性剤の影響
供試農薬：トリアジン剤（トリアジン水和剤），ベノミル剤（ベンレート水和剤），
供試界面活性剤：Tween80（エステル型ノニオン）
吸光度測定：トリアジン（275nm），ベノミル（286nm）.
引用：川島和夫・竹野恒之（1982），油化学 31（3）：163.

のタイプのノニオンは広く天然物化学で乳化剤として活用された実績がある．また，この可溶化はすべての農薬原体に適用される訳ではなく，比較的小さな分子量であり，常温で液体であることが必要条件になっているものの，常温で固体であっても浸透性タイプには有効的に可溶化作用が働いていることが観察されている．しかし，重金属を含む農薬や分子量の大きな抗生物質などを可溶化させる現象は観察されていない．

2）カチオンの病原菌細胞膜の流動化

カチオンは親水性官能基が正（プラス）の荷電状態にあり，負（マイナス）で荷電している病原菌等の細胞膜に吸着する作用を持っている．実際に大腸菌を用いた試験でカチオン系展着剤（ニーズ）を処理すると，一般展着剤処理や菌体のみではゼータ電位がマイナスであるものの，ニーズ処理によりゼータ電

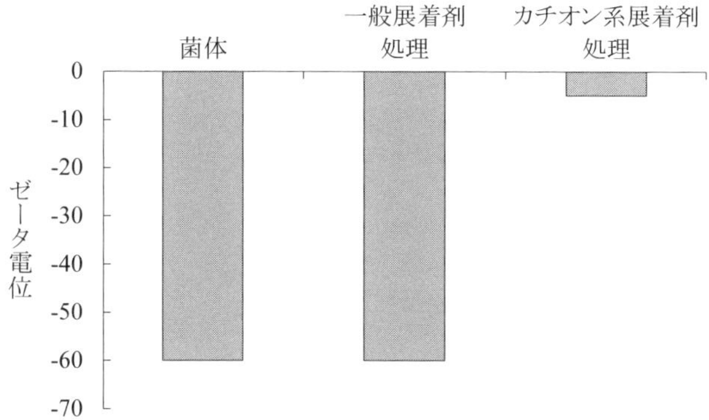

図25　菌の細胞膜に及ぼすカチオン系展着剤の作用
試験方法：大腸菌を用いて細胞膜に対する吸着について表面電荷（ゼータポテンチャル）を測定した．
供試展着剤：カチオン系（ニーズ）1,000倍，アニオン配合系一般展着剤（グラミンS）5,000倍．
引用：川島和夫（1992），農薬通信 133，12．

位がゼロに近づくことより，細胞膜にカチオンが確実に吸着していることが分かる[3)]（図25）．従来，カチオンはユニークな性質をもつものの，強い植物毒性のために展着剤基剤としての応用が難しいものと考えられていた．一方，カチオンは医薬品として認可されている塩化ベンザルコニウムに代表され，細胞膜を物理的に破壊させる作用により殺菌剤（消毒剤）として商品化されていた．このようなカチオンの細胞膜に吸着して細胞膜のリン脂質の流動性に影響を及ぼす作用特性を活用し（図1），分子量を大きくして水に対する溶解性を下げることにより，混用性の改良と共に植物毒性が緩和されたカチオン（ニーズ）が殺菌剤用アジュバントとして実用化されて顕著な効果増強作用を示している[3,4)]．その増強作用は病原菌の細胞膜を流動化させることにより，同時に散布された農薬の取り込みを短時間で向上させることに起因し，供試されたEBI剤（エルゴステロール生合成阻害剤）のリンゴ斑点落葉病菌の発芽胞子への取り組み量を調べた試験結果からも実証された[10)]（図26）．また，すでに紹介済みであるが，胞子発芽生育抑制作用を殺菌剤単独では示さない場合でも，カチオン添加により抑制作用が観察された（写真3）．

シャーレ試験（PDA培地）による基礎試験でMIC（最小阻止濃度）を測定し，

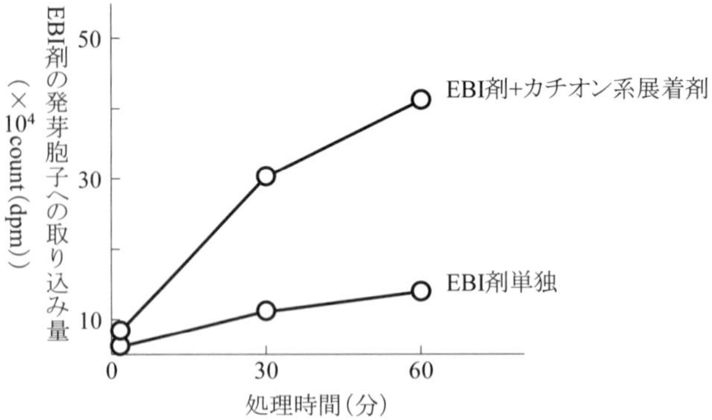

図 26　殺菌剤の病原菌（糸状菌）への取り込み
供試菌:*Alternaria mali* IFO-8984(胞子数 5×10^5 個/mL).
供試展着剤：ニーズ（カチオン系）1,000 倍.
EBI 剤：エルゴステロール生合成阻害剤.
引用：川島和夫ら（1994），農及園 69（5），580.

キュウリ灰色かび病菌に対する 6 種の殺菌剤に及ぼすニーズ（カチオン系）の添加効果が検討された[3)]（表 14）．その結果，供試された感受性の異なる 3 種の菌株に対して添加効果が確認された．さらにキュウリ子葉・ペーパーディスク法を用いて，キュウリ灰色かび病（RR 菌）に対する 4 種の殺菌剤の予防及び治療効果に及ぼすニーズの影響が日植防茨城研究所にて検討された[4)]（表 15）．予防効果については TPN，プロシミドン，イプロジオンで添加効果，治療効果についてはスルフェン酸系（ユーパレン水和剤：2004 年登録失効），プロシミドン，特にイプロジオンで顕著な病斑伸長阻止効果が確認された．すでにリンゴの病害防除試験についても紹介済みのように，カチオン系展着剤は各種の作物で殺菌剤への添加によって安定した防除効果を発現させる薬剤と期待される．

3）作用性総括

各種の農薬が最初に接触する対象物は葉面のクチクラであり，エピクチクラワックス，クチクラ層及びクチン層の三層から構成されている．これら三層から成るクチクラは一般にクチクラ膜と呼ばれ，植物体を保護する役割を担っている（図 27）．表面構造としてクチクラ膜，表皮細胞壁，気孔，毛じから構成されている．界面活性剤を有効成分とするアジュバントの葉面からの取込みについて Holloway と Stock[21)] はクチクラ膜からの侵入，気孔からの侵入，葉面散

表 14　キュウリ灰色かび病菌の菌糸生育阻止作用に及ぼすカチオン系展着剤の添加効果

供試農薬	接種菌株	ニーズの添加濃度	
		無添加	×1000
マンネブ	*B. cinerea*（S）	50	6＞
キャプタン	〃	10〜30	3
プロシミドン	〃	10＜	1〜2.5
プロシミドン	*B. cinerea*（SR）	500〜1000	25＞
チオファネートメチル	*B. cinerea*（S）	7〜14	2〜4
チオファネートメチル	*B. cinerea*（R）	7000＜	700
イプロジオン	*B. cinerea*（S）	50＜	5〜10
ポリオキシン	〃	10＜	1〜2
−	*B. cinerea*（S）		＋
−	*B. cinerea*（SR）		±
−	*B. cinerea*（R）		＋

+：菌糸生育抑制あり.
*数字は農薬有効成分の MIC（ppm）を示す.
供試菌株：*Botrytis cinerea*（S）プロシミドン/チオファネートメチル感受性菌
B. cinerea（SR）プロシミドン耐性菌
B. cinerea（R）チオファネートメチル耐性菌
供試展着剤：ニーズ（カチオン系）
引用：川島和夫（1992），農薬通信 133，12.

表 15　キュウリ灰色かび病菌の菌糸生育阻止作用に及ぼすカチオン系展着剤の添加効果

供試薬剤名	使用濃度（倍）	予防効果		治療効果	
TPN フロアブル	600	++ *	++ *	++++	++++
TPN フロアブル+ニーズ	600・1000	−	−	++++	++++
スルフェン酸系水和剤	600	−	−	++++	++++
スルフェン酸系水和剤+ニーズ	600・1000	−	−	+++	+++
プロシミドン水和剤	1000	++++	++++	++++	++++
プロシミドン水和剤+ニーズ	1000・1000	+++	+++	+++	+++
イプロジオン水和剤	1000	++	++	+++	+++
イプロジオン水和剤+ニーズ	1000・1000	−	−	＋	＋
無処理区	-	++++＜	++++＜	++++	++++

1990年度日植防研成績より抜粋.
注1：接種菌は RR 菌を供試.
注2：*は子葉の左右を示す.
注3：++++ は病斑直径 20mm.
注4：++++<は子葉の幅一杯の被害を示す.
スルフェン酸系水和剤（ユーパレン）：2004年登録失効.
試験場所：日本植物防疫協会茨城研究所.
供試展着剤：ニーズ（カチオン系）.
引用：川島和夫（1992），農薬時報 410，43.

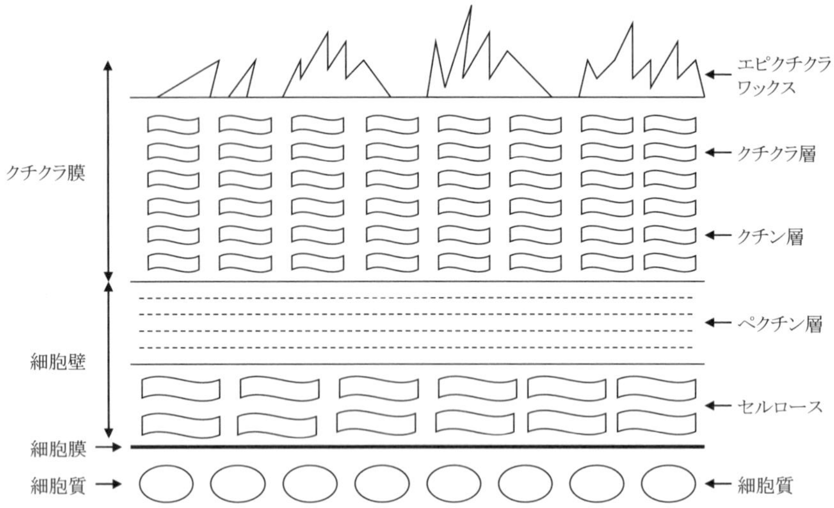

図 27　葉表面のモデル図

布後の挙動，農薬の極性と植物のワックス量の関係，ラベル化合物を使用した挙動などの観点から検討した．クチクラ膜と表皮における作用機作として①葉面上における物質の濃縮，②葉面上からクチクラ膜への物質移動，③クチクラ膜における物質の拡散係数，④クチクラ膜から細胞壁への物質移動係数，⑤細胞壁における物質濃縮の 5 段階の重要性を言及した．さらに農薬の活性化において①界面活性剤の濃度，②界面活性剤の親水基と親油基の化学組成，③農薬原体の物理化学的性状，④標的植物の 4 要因の重要性を挙げた [40)]．また杉村と竹野 [41)] は ^{14}C で標識された Tween80（ポリオキシエチレンソルビタンオレイン酸モノエステル）を用い，タバコとインゲンマメ葉に処理して 6-7 日後に ^{14}C の挙動を調べた．その結果，放射活性は処理部のみに局在して未処理部への移行は観察されなかった．未回収の放射活性はワックス画分と細胞画分に分布し，クチクラ層を通過して表皮組織層にまで到達していることが観察された．この試験ではノニオン性界面活性剤単独の処理であるものの，農薬を表皮細胞層まで浸透させる可能性があることを間接的に示す試験結果であると考えられた．総括としてポリオキシエチレン型のノニオン系アジュバントによる活性化作用は複雑な相互作用に依存して発現すると考察しており，①農薬の投与量と物理

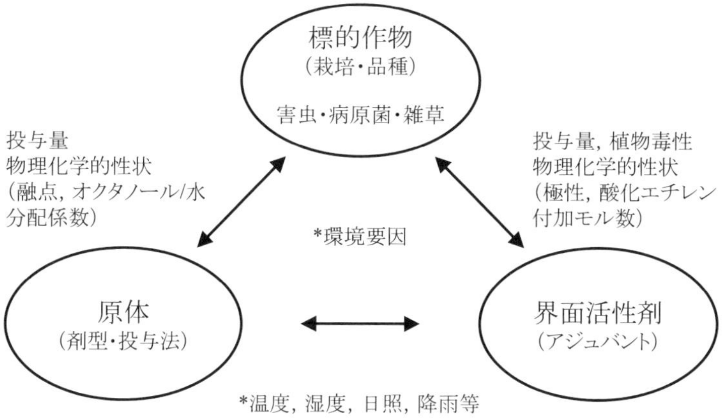

図 28　アジュバントと農薬と標的作物の関係

化学的性状，②ノニオンの投与量と物理化学的性状，③標的植物の特性の 3 要因を挙げた [21]（図 28）．投与量以外では，農薬原体の物理化学的性状として融点, オクタノール/水分配係数など, アジュバントの物理化学的性状として極性, HLB 及び植物毒性など，標的になる作物の特性として撥水性，栽培形態，品種などがあり，害虫・病原菌・雑草に対する防除効果は気温・降雨・紫外線などの環境要因によって薬効のバラツキのリスクが生じ，そこでアジュバント添加による安定した効果発現が期待される．

カチオン系展着剤（ニーズ）について MIC 基礎試験データ（表 14，文献 11）から MIC 比と分子量，融点やオクタノール/水分配係数の物化データとの相関を見ると，融点とはほとんど相関が認められないが，分配係数は 1～3，分子量との関係では 200～600 前後に相関が認められる傾向がある（図 29）．しかし，すべての試験結果を明確に説明できるレベルまで十分にはまだ究明されていない．

渡部 [42] は農薬が作物や雑草に及ぼす付着と移行に関与する要因について解析し，クチクラ膜透過に影響を及ぼすアジュバントの基本的な作用から①湿潤作用, ②水滴内部改善作用, ③活性化作用, ④複合作用の 4 タイプに分類した．総括として，界面活性剤を有効成分とするアジュバントの作用性は界面活性剤特有の物理化学的な作用と共に，ノニオンの吸着・可溶化やカチオンの細胞膜

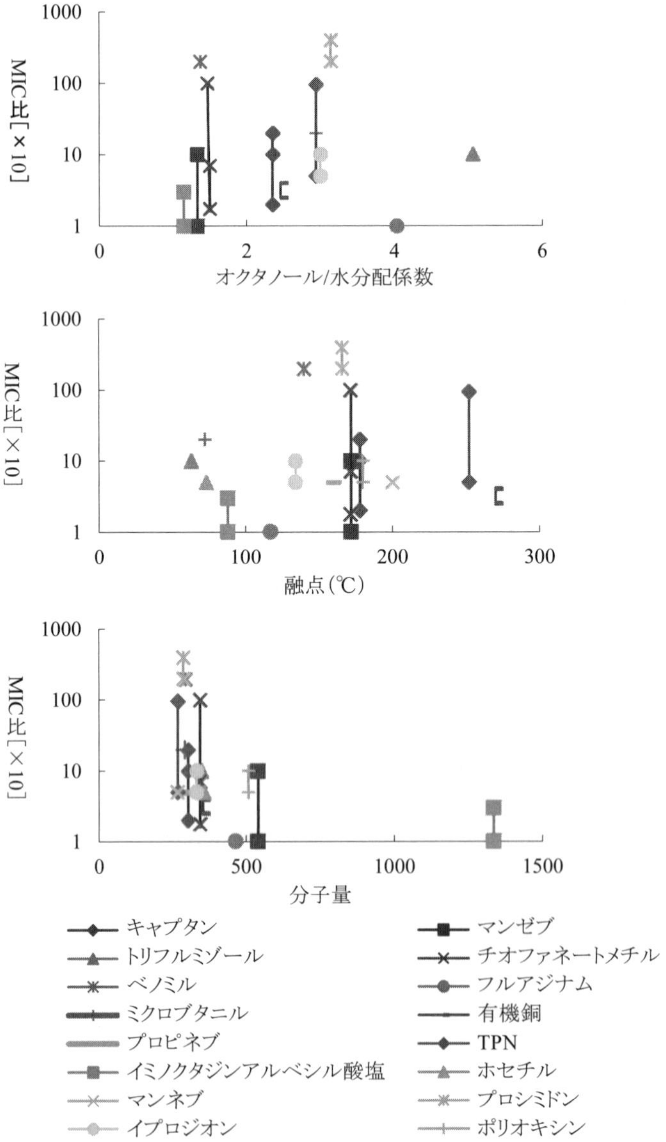

図29　カチオン系展着剤のアジュバント活性（MIC比）と物化データ相関
供試展着剤：カチオン系（ニーズ）.
試験場所：花王（株）化学品研究所.
物化データ：The Pesticide Manual（BCPC社）を参照.

への吸着・リン脂質の流動化による短時間での農薬取り込み向上が重要な役割を担っているものと考察されるが，まだ十分に解析されていないのが現状である[43]．

今後，その作用性が一歩ずつ解明されることにより，アジュバント活用は既存農薬を復活させるのみならず，新製品の開発にも繋がる．その際，界面活性剤を有効成分とするアジュバントの作用性は，配合された製品ではなく（有機溶剤もアジュバント活性を有する），界面活性剤単独と農薬原体単独（製剤にも助剤として界面活性剤が配合されている）との単純な組合せによる基礎試験で初めて解析できるものと考える．

2-6　作物残留に及ぼす展着剤の影響

機能性展着剤であるアジュバント添加によって様々な薬効向上が確認される中，作物残留に関する懸念が生じた．作物の濡れ性や散布水量，農薬剤型，アジュバント等の違いによる影響が考えられるが，評価機関での試験成績を中心に初期付着量及び作物残留に及ぼす展着剤の影響を紹介する．

静岡県では茶の輪斑病のベノミル剤耐性菌に対して，その代替剤であるTPN（ダコニール水和剤），カプタホル（ダイホルタン水和剤：1989 年登録失効）等を一番茶の摘採と同時に散布しないと十分な防除効果が発現しないという問題があった．摘採と同時に薬剤散布することは農作業上，極めて難しく，茶摘み後数日目にこれらの薬剤散布で薬効を発現させる浸透剤（アジュバント）が強く求められていた．そのような状況下で，静岡茶試と花王で共同研究が行われた[44]（表 16）．薬効は現地圃場で調査され，まずエステル型ノニオン系展着剤（アプローチ BI）500 倍と 1,000 倍で確認され，次にアニオン配合系展着剤（トクエース）1,000 倍と 98%マシン油乳剤（ラビサンスプレー）500 倍も同様に添加効果を示すことが確認された．しかし，これらの展着剤添加により効果向上作用が確認されたため，現場では茶の農薬残留量について懸念が持ち上がり，TPN800 倍とエステル型ノニオン系展着剤 500 倍の組合せについて散布後 12 日目に製茶した荒茶の作物残留試験が堀川ら[44]によって実施された．その結果，添加されたエステル型ノニオン系展着剤は農薬残留を増大させることはなく，逆に減少することが明らかになった（表 17）．この結果は散布直後の

表16　チャ輪斑病に対する殺菌剤への展着剤の添加効果

試験区	摘採から散布までの期間	発病葉数/m^2	防除率（%）
TPN+アプローチBI 500倍	直後	12	95
TPN+アプローチBI 1,000倍	直後	8	97
TPN	直後	28	89
TPN+アプローチBI 500倍	1日後	80	68
TPN+アプローチBI 1,000倍	1日後	95	63
TPN	1日後	155	39
カプタホル+アプローチBI 500倍	直後	1	100
カプタホル+アプローチBI 1,000倍	直後	3	99
カプタホル	直後	4	98
カプタホル+アプローチBI 500倍	1日後	30	88
カプタホル+アプローチBI 1,000倍	1日後	31	88
カプタホル	1日後	76	70
無処理区	-	253	-

試験場所：静岡県茶業試験場．
供試殺菌剤：TPN（ダコニール水和剤）800倍．カプタホル（ダイホルタン水和剤：1989年登録失効）2,000倍．
供試展着剤：エステル型ノニオン系展着剤（アプローチBI）．
引用：堀川知廣ら（1983），茶業研究報告 57，18．

表17　展着剤添加によるTPN剤の茶中残留試験

試験区	茶浸出液から抽出（ppb）	荒茶から直接抽出（ppb）
TPN	89*	584*
TPN+アプローチBI 500倍	29	213
無処理区	検出されず	42

*：1%の危険率で有意差あり．
供試殺菌剤：TPN（ダコニール水和剤）800倍．
供試展着剤：エステル型ノニオン系展着剤（アプローチBI）．
引用：堀川知廣ら（1983），茶業研究報告，57，18．

濡れ性向上(接触角の低下)によって初期付着量が低下するためと考察された．

異なる散布条件下で作物残留に及ぼす展着剤の影響が兵庫農試[45]にて検討された．すなわち，供試作物としてナス，トマト，キュウリの場合はTPN水和剤（ダコニール），ホウレンソウとキャベツの場合はPAP水和剤（エルサン），ナシとブドウの場合はダイアジノン水和剤を用いて散布水量（野菜：100L，200L/10a，ナシ：300L，600L/10a，ブドウ：150L，300L/10a）と濃度を変えて展着剤（複成分ノニオン系展着剤：ネオエステリン）4,000倍の影響が検討さ

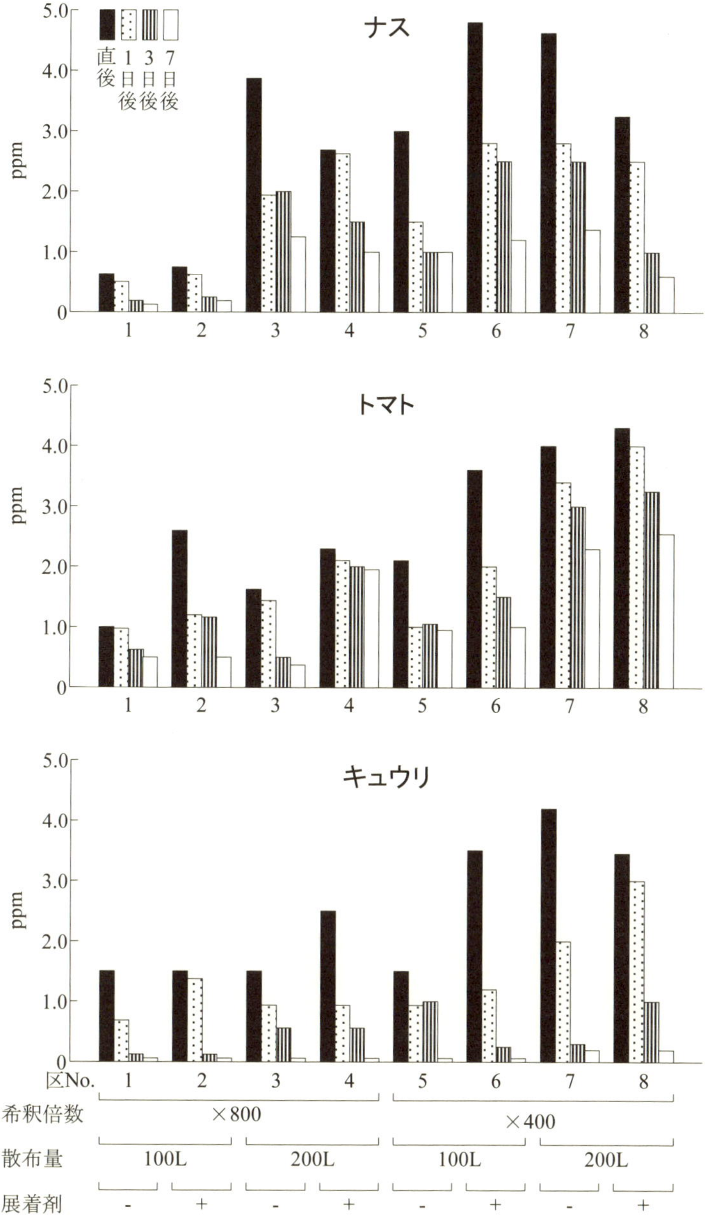

a）果菜類の果実における TPN 分析結果

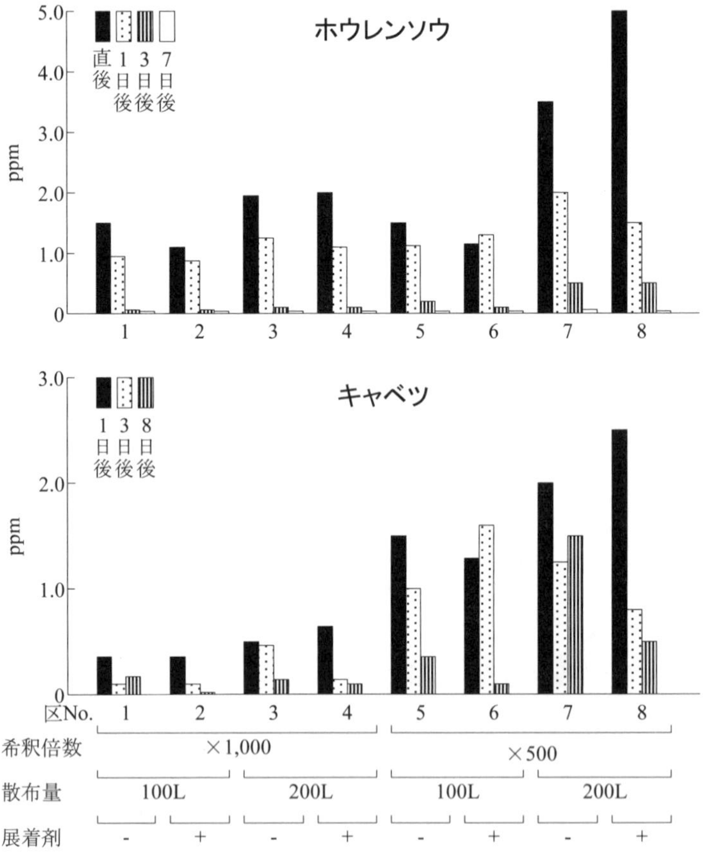

b）葉菜類における PAP 分析結果

れた（図 30）．その結果，展着剤添加により，すべての作物で付着量が増大，その増大傾向は最大付着量となる散布水量以下の時に発現して過大な散布水量時には逆に減少し，最大付着量となる散布水量を展着剤添加により低減できることが示唆された．さらにトマト，ナシの場合，本試験の散布条件では展着剤添加により，付着量が増大し，ブドウとキュウリの場合も増加させる傾向はあるものの，高濃度多量散布では減少の傾向，ナスでは散布水量が少ない時は増加，多い時は減少，ホウレンソウとキャベツでは少量散布で減少，多量散布で増加する傾向が確認された．供試した 7 種の作物について展着剤添加による付

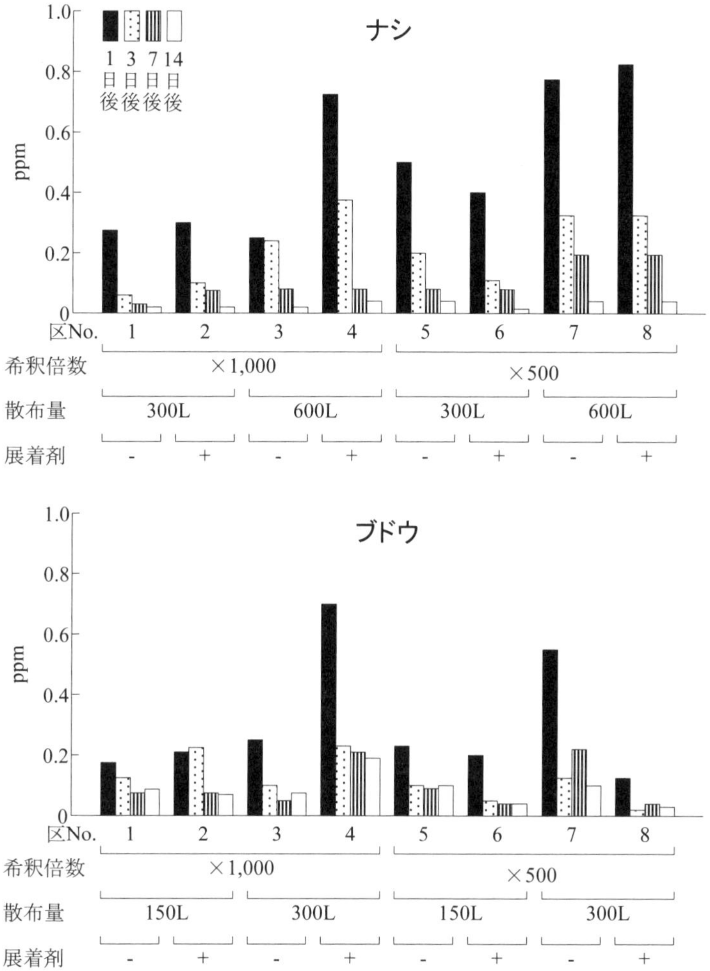

c）果樹類の果実におけるダイアジノン分析結果

図 30　異なる散布条件下で作物残留に及ぼす展着剤の影響
試験場所：兵庫県農業試験場
引用：大谷良逸ら（1984），近畿中国農業研究 67，46.

着量の向上がすべて確認されると共に，散布水量をもっと低減化でき，省力散布に貢献できることが示唆された．

一方，濡れ性の悪い作物であるネギを用いて農薬の付着量に及ぼす 7 種の展着剤の影響が神奈川農技センター[46]にて検討された（表18）．各処理区は5葉を供試し，薬液散布面を長さ10cmに切断し，TPN付着量を簡易なイムノアッセイ（クロロタロニル測定キット，堀場製作所製）により測定した．その結果，カチオン系（ニーズ），エステル型ノニオン系（アプローチBI），パラフィン系（アビオンE）が殺菌剤単独よりもやや増大し，もっとも濡れ性が良好であったシリコーン系は単独よりも明らかに減少した．さらに耐雨性（散布後1日目に人工降雨130mm）に対する7種の展着剤の影響が供試殺菌剤としてTPN水和剤1,000倍，供試作物としてネギとキュウリを用いて同様な分析法によって検討された（表19）．ネギの場合，一般展着剤（ネオエステリン，グラミン）や油溶性エステル型ノニオン系（スカッシュ），シリコーン系（まくぴか）は無添加とほぼ同様な減衰傾向で約8割が維持された．一方，エステル型ノニオン系（アプローチBI）とパラフィン系（アビオンE）は農薬の減衰が大きくなる場合があり（約4割），パラフィン系が大きな減衰を示したことは予想外であった．キュウリでもエステル型ノニオン系とパラフィン系展着剤はほぼ同様な傾向であり，約7割の減衰が観察された．

ネギについては埼玉農林総研[47]にて農薬の現地混用が作物の農薬残留に及ぼす影響としてエステル型ノニオン系展着剤（アプローチBI）を用い，2種の農薬について検討された．すなわち，モデル農薬としてネギに登録のある殺虫剤のダイアジノン乳剤及び水和剤，殺菌剤のミクロブタニル乳剤及び水和剤を選定して展着剤の添加有無も併せて全ての組合せによる混用散布により，農薬の剤型と展着剤有無の混用方法による作物（ネギ）への農薬残留の影響が検討された（図31）．モデル農薬による試験の結果，乳剤同士の混用は2種の薬剤とも残留値が高まり，乳剤に水和剤を混用することで低下する傾向があった．展着剤に関しては水和剤へ添加すると，残留量が高まったが，これは濡れの悪い水和剤散布に比べて展着剤添加により，ネギに対する濡れ性向上に伴う付着改善に起因するものと推察された．なお，重要なこととして，本モデル試験では剤型，展着剤添加の有無のすべての組合せについて作物残留量は基準以下であった．

著者ら[48]は有機リン剤の2種の剤型（乳剤，水和剤）を用いて濡れ性の良い温州ミカン葉でのエステル型ノニオン系展着剤（アプローチBI）の初期付着

表 18　農薬付着量に及ぼす展着剤添加の影響（ネギ）

加用展着剤	散布面における TPN 残留量（ppm）
ネオエステリン	39.9
グラミン	48.9
スカッシュ	43.8
ニーズ	72.0
アプローチ BI	64.9
アビオン E	68.1
まくぴか	29.7
無加用	41.2

TPN 水和剤 1,000 倍にネオエステリン（×5,000），グラミン・まくぴか（×3,000），スカッシュ・ニーズ・アプローチ BI（×1,000），アビオン E（×500）を加用．薬剤散布後，散布面（長さ 10cm）を切除し，イムノアッセイで TPN 量を測定．各処理 5 葉供試．

試験場所：神奈川県農業技術センター．

供試殺菌剤：ダコニール 1000（TPN 水和剤）1,000 倍．

供試展着剤：ネオエステリン（複成分ノニオン系），グラミン（アニオン配合系），スカッシュ（油溶性エステル型ノニオン系），ニーズ（カチオン系），アプローチ BI（エステル型ノニオン系），アビオン E（パラフィン系），まくぴか（シリコーン系）．

引用：折原紀子・植草秀敏（2009），植物防疫 63（4），228.

表 19　降雨後における農薬の減衰に及ぼす展着剤添加の影響

加用展着剤	降雨後の TPN 残留量	
	ネギ	キュウリ
ネオエステリン	75.7[a]	79.6
グラミン	79.8	78.3
スカッシュ	87.4	56.6
ニーズ	64.0	50.2
アプローチ BI	54.4	31.4
アビオン E	59.4	32.4
まくぴか	80.1	52.6
無加用	85.5	83.4

a）人工降雨前の残留農薬量を 100 とした場合の割合で表示．TPN 水和剤 1,000 倍にネオエステリン（×5,000），グラミン（ネギ×3,000，キュウリ×10,000），まくぴか（×3,000），スカッシュ・ニーズ・アプローチ BI（×1,000），アピオン E（×500）を加用．各処理 5 葉供試．

試験場所：神奈川県農業技術センター．

供試殺菌剤：ダコニール 1000（TPN 水和剤）1000 倍．

供試展着剤：ネオエステリン（複成分ノニオン系），グラミン（アニオン配合系），スカッシュ（油溶性エステル型ノニオン系），ニーズ（カチオン系），アプローチ BI（エステル型ノニオン系），アビオン E（パラフィン系），まくぴか（シリコーン系）．

引用：折原紀子・植草秀敏（2009），植物防疫 63（4），228.

量に及ぼす影響を検討した（表 20）．乳剤では多量散布と少量散布共に，展着剤の添加の影響はほとんど受けなかった．しかし，水和剤では多量散布の際に 1 割強も付着量が無添加に比べて減少した．さらに乳剤と水和剤の対比では，表面張力の低い乳剤での付着量は水和剤の半分まで減少することが観察された．従って作物の濡れやすさ，散布水量や農薬剤型の違いによっても展着剤の初期付着量への影響が異なることが再確認された．

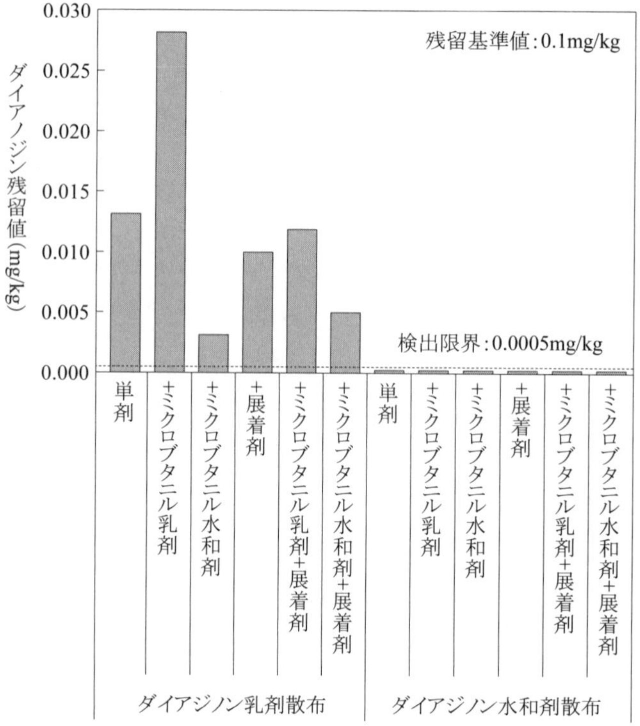

図31　ネギへのダイアジノン，ミクロブタニルの混用方法（剤型・展着剤有無）と残留への影響
試験場所：埼玉県農林総合研究センター．
供試展着剤：エステル型ノニオン系（アプローチBI）．
引用：埼玉県農林総合研究センター発行新技術情報（2009），農薬現地施用が作物の農薬残留に及ぼす影響．

上手な選び方・使い方のポイント　基礎編（2）

Q4：濡れ性の悪い作物には展着剤の添加が必要であり，濡れ性の良い作物には必要がないと聞いていますが，どうでしょうか？

A4：濡れ性の悪い作物であるネギ類の農薬散布時にはやや多めに展着剤を添加することが防除暦などに記載されており，薬効も添加の有無によって明確な差が見られます．一方，濡れ性の良い作物では顕著な効果アップは

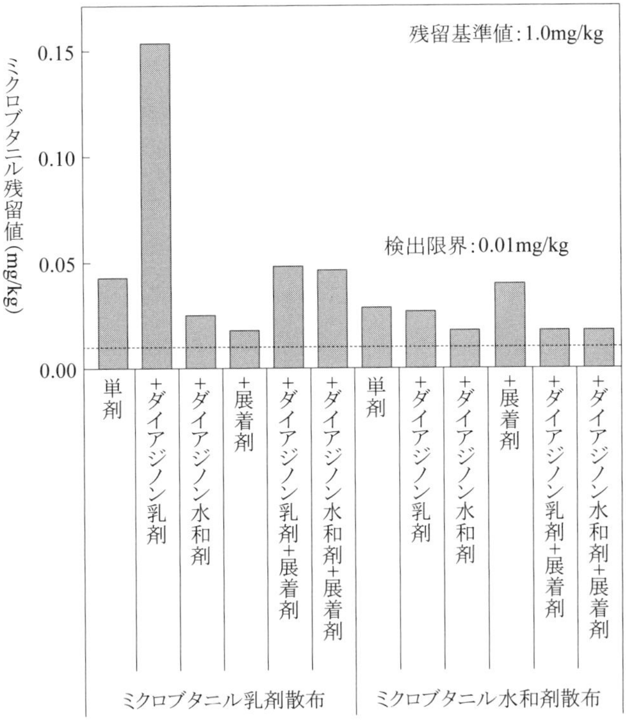

表 20　MEP 乳剤及び水和剤の温州ミカン葉の付着量に及ぼす展着剤添加の影響

供試薬剤	ポリオキシエチレンヘキシタン脂肪酸エステル	散布量（mL/樹）	MEP の付着量（μg/500cm^2）	
			乳剤	水和剤
MEP　1,000 倍	500 倍	1,000	423	691
〃	無添加	1,000	399	784
MEP　1,000 倍	500 倍	150	267	-
〃	無添加	150	253	-

供試作物：8年生中生温州ミカン．
1区：3反復．
供試展着剤：ポリオキシエチレンヘキシタン脂肪酸エステル（アプローチ BI：エステル型ノニオン系）．
引用：川島和夫（1982），農及園 57，1021．

従来確認されていませんでした．その理由は十分な散布水量であるために安定した生物効果が現場で確認され，展着剤の添加効果は従来認められておりません．散布水量や散布回数の低減化を目的とする場合，初めて機能性展着剤の添加効果が濡れ性の良い作物でも確認できます．

Q5：泡立ちの多い農薬散布時に工業用消泡剤を添加していますが，問題はありますか？
A5：消泡機能を詠っている展着剤が市販されていますので，それらを推奨します．工業用消泡剤の添加は農薬取締法違反になりますし，農薬の凝集及びそれに伴って発生する薬害リスクもあります．

Q6：汎用タイプの機能性展着剤（アジュバント）はありますか？
A6：原理原則は対象の作物や対象病害虫等により，最適なアジュバントを選定する必要があります．日本でもっとも汎用的に各種の作物，各種の薬剤に使用され且つ登録範囲も広いエステル型ノニオンを推奨します．

Q7：機能性展着剤を添加して効果アップした場合，作物残留は問題ありませんか？
A7：パラフィン系の固着剤を使用した場合は初期付着量が1割以上増大しますから，登録内容に準じて使用しなければいけません．しかし，第2章2-6で各種の展着剤事例を紹介していますが，濡れ性向上に伴い効果的に付着を改善させ，埼玉農林総研にて実施されたモデル試験では剤型，展着剤添加の有無のすべての組合せについて作物残留は基準値以下であったことが確認されています（図31参照）．従って主剤のラベル内容をしっかり遵守すれば，基本的に作物残留のリスクはありません．

2-7　使用上の注意事項

主要な展着剤の使用上又は保管上の注意事項についてラベル記載内容や登録・販売会社からの技術情報をもとにグループ別に説明する．

1）エステル型ノニオン系展着剤

まず代表的な製品であるアプローチBI（ポリオキシエチレンヘキシタン脂肪酸エステル：50%）の注意事項を紹介する．薬効・薬害に関して適用農薬の使用上の注意事項に，薬害の生じやすい作物，気象条件等が記載されている場合，作物の幼苗期，高温時など，一般に薬害の生じやすい条件では使用を禁止している．さらに具体的にスルフェン酸系，ジチアノン系，キノキサリン系，ストロビルリン系，アニリド系薬剤に薬害を生じる恐れがあり使用を避けるように明記されている．植調剤のジベレリンへの添加についてはブドウの樹勢や開花の状態，使用時期，気象条件やさび果の助長の恐れなどが詳細に注意事項として記載されている．

次にスカッシュ（ソルビタン脂肪酸エステル：70%，ポリオキシエチレン樹脂酸エステル：5.5%）の注意事項を紹介する．本剤は低温（10℃以下）で放置された場合，一部沈殿を生じる場合があるので使用前に加温して均一な液体にしてから使用するように注意事項が記載されている．アプローチBIと同様に薬害の生じやすい条件での使用を禁止し，具体的な薬剤も同様に明記されている．ハイテンパワー（ポリオキシアルキレン脂肪酸エステル：30%）は一般的な注意事項以外に特別な記載はない．最後にK.Kステッカー（ポリオキシエチレン樹脂酸エステル：70%）の注意事項について紹介する．エステル型ノニオン系固着剤であるが，適用農薬と適用作物が広いことから広く使用されており，使用上の注意について稲，麦，キャベツ，ネギ等のように薬液のつきにくい作物に使用する場合は多めに，果樹，ハクサイ，キュウリ，バレイショ等の薬液のつきやすい作物の場合には少なめに添加すること及び本剤を散布液に加える時は必ず最後に添加して散布液を十分かきまぜれば良好な散布液が得られると明記されている．

2）エーテル型ノニオン系展着剤

まず除草剤専用で多くの除草剤に適用できるサーファクタントWK（ポリオキシエチレンドデシルエーテル：78%）について紹介する．除草剤以外には使用しないこと，適用農薬の使用条件を遵守すること，作物にできるだけかからないように散布することが記載されている．環境面では水産動植物に影響を及ぼすため，養魚田での使用の禁止や散布後は河川・養殖池などに流れ込まないように水管理を注意するように明記されている．茎葉処理型除草剤専用であるクサリノー（ポリオキシエチレンオクチルフェニルエーテル：50%）もほぼ同様な記載内容である.

次に適用農薬が殺虫剤・殺菌剤であるミックスパワー（ポリオキシエチレンアルキルエーテル:40%, ポリオキシエチレンアルキルフェニルエーテル:40%）について紹介する. 薬効・薬害に関して果菜類では散布液が乾きにくい条件下でコルク斑などの薬害症状が発生する恐れがあること, 夏期高温時に薬害が生じる恐れがあることから使用をさけるように記載してある. 水産動植物への影響についても同様に使用禁止の注意内容である. 適用農薬や適用作物の多いアイヤーエース（ポリオキシエチレンアルキルエーテル：10%）は薬効・薬害に関して, 適用農薬の使用上の注意事項を遵守すること, 稲・麦・キャベツ・ネギ等の薬液のつきにくい作物ではやや多め, 果樹・ハクサイ・キュウリなどの薬液のつきやすい作物では少なめに添加するように記載されている.

3）アニオン配合系展着剤

グラミンS（ポリオキシエチレンノニルフェニルエーテル：15%, ポリナフチルメタンスルホン酸ナトリウム：4%, ポリオキシエチレン脂肪酸エステル：5%）は適用農薬及び適用作物が広いことから, 一般展着剤として殺虫剤や殺菌剤に使用されている. グラミンSの注意事項はかなり簡単な内容であり, 消泡機能をもつことから泡の消えにくい剤（ポリオキシン剤など）に多めに使用すること及び養魚田での使用を控えることが記載されている. ダイン（ポリオキシエチレンノニルフェニルエーテル：20%, リグニンスルホン酸カルシウム：12%）は適用農薬が殺虫剤や殺菌剤であること及び適用作物が広い対象であることから家庭園芸分野で広く使用されており, グラミンSと同様に使用上の注意事項で特別な事項は記載されていない.

4）カチオン配合系展着剤

ニーズ（ポリナフチルメタンスルホン酸ジアルキルジメチルアンモニウム：18%, ポリオキシエチレン脂肪酸エステル：44%）は薬効・薬害に関してエステル型ノニオン系展着剤とほぼ同様な記載内容であり, 追加としてリンゴ用で殺菌剤に使用する場合, 落花期から落花30日までサビ果を助長する恐れがあることから使用しないように明記されている. 環境面ではエーテル型ノニオン系展着剤と同様に魚介類に影響を及ぼすため, 養魚田での使用を禁止している.

ブラボー（ソルビタン脂肪酸エステル：48%，ポリオキシエチレン脂肪酸エステル：28%，ポリナフチルメタンスルホン酸ジアルキルジメチルアンモニウム：2.5%）も薬効・薬害に関してエステル型ノニオン系展着剤とほぼ同様な記載内容であり，オウトウとモモの場合に薬害の発生の恐れがあるので使用しないことが追加されている．

5）シリコーン系展着剤

従来のノニオン系界面活性剤と比べ，濡れ性に優れたシリコーン系展着剤であるまくぴか（ポリオキシエチレンメチルポリシロキサン：93%）を紹介する．まくぴかの薬効・薬害に関して一般的な注意事項の他に，泡立ちをさけるために散布タンクに水を満たした後に本剤を添加すること，極端な酸性・アルカリ性の散布液では使用しないことが記載され，環境面では養魚田での使用を控えることも明記されている．同じシリコーン系展着剤のブレイクスルー（ポリオキシアルキレンオキシプロピルヘプタメチルトリシロキサン：80%，ポリオキシアルキレンプロペニルエーテル：20%）は添加順についてまくぴかと同様に最後に添加すること，さらにブドウに使用する際に果粉の溶脱又はネオマスカット果粒にアザ状の曲線が出た事例があるので希釈倍数に注意するように明記されている．

6）パラフィン系固着剤

ペタンV（パラフィン：42%）は代表的なパラフィン系固着剤であり，適用農薬と適用作物についてボルドー液ではリンゴとモモ，有機銅水和剤ではリンゴ，芝，麦類，ミカン，イチゴ，アスパラガス，イミノクタジン酢酸塩液剤では麦類のように固着剤機能のために農薬と作物が限定されている．薬効・薬害については具体的な例としてイミノクタジン酢酸塩液剤に添加する場合，麦類の紅色雪腐病及び雪腐大粒菌核病以外には使用しないこと，有機銅水和剤に添加してカンキツ類に使用する場合は温州ミカンのみに使用し，中晩柑類の混植されている圃場では使用しないこと，TPN水和剤に添加してナシに使用する場合は，二十世紀以外には使用しないことが明記されている．さらに製品安定性に関して貯蔵中に分離する恐れがあるので使用の際は容器をよく振って使用すること及び保管時の注意事項として凍結すると乳化バランスが崩れて変質する場合があるので極端な低温での保管をさけることが記載されている．一方，パラフィン含量が低いアビオン E（パラフィン：24%）は適用農薬が殺虫剤・殺菌剤となっており，適用作物も多いことから広く使用されているが，同様に凍結注意と併せて添加方法に関してあらかじめ5～10倍の水で希釈してから，最後に殺虫剤・殺菌剤に添加してよく撹拌することが記載されている．

7）マシン油乳剤

マシン油乳剤には有効成分含量95%の冬マシン油乳剤と同97%及び98%の夏マシン油乳剤があるが，ここでは精製度の高い97%と98%マシン油乳剤を展着剤として使用する際の注意事項になる．マシン油乳剤には多くの製品があり，原油の産地や精製方法，乳化剤の違いにより，初期乳化性，乳化安定性，粒径や薬害リスク等の性能が幾分異なる．従って，指導機関の技術情報や農薬ラベルに沿って使用しないと薬害リスクの恐れがあるので十分な注意が必要になる．温州ミカンでは果実糖度に悪影響を及ぼすことがあるため，6月下旬までの散布に限る必要があり，中晩柑類では甘夏などの一部の品種で薬害が発生することがあるので使用前に薬害の有無を調べておく必要がある．

カンキツ類における展着剤としての応用に関して，使用時期や薬害リスクなどについては田代の論文[5,49]を参照してほしい．なお，展着剤としてマシン油乳剤を添加する際にはすでに説明済みであるように殺菌剤や殺虫剤を先に溶かしておいてから最後に添加する。

2-8　海外での使用事例から学ぶ

1）農薬用アジュバント国際学会（ISAA：International Society for Agrochemical Adjuvants）

ISAA[18]はアジュバントに特化した国際学会であり，1986年に第1回の大会がカナダにて開催され，その後は3年毎に世界各国にて開催されている．最近では2010年8月にドイツ，2013年4月にブラジルで盛大に開催された．ドイツでの開催では38ケ国から約450名の参加者，口頭発表51件，ポスター発表50件があり，主要なテーマとして除草剤関連40件，殺菌剤関連25件，アジュバント効果20件があった．2013年のブラジルでは約400名の参加者，口頭発表43件，ポスター発表53件があり，主要なテーマとしてアジュバント効果45件，除草剤関連30件，殺菌剤関連21件，試験手法17件，ドリフト関連13件があり，アジュバント活用が広く国際的に検討されている．アジュバント研究開発に関して国際的なこのような動向を見ると，近い将来に地上散布や無人ヘリコプター散布用に散布機器の改良と共にドリフト防止剤が日本でも開発・実用化される可能性は高いと予測される．

2）米国でのアジュバントの種類と活用

サーザンイリノイ大学の Young が編集した除草剤用アジュバント概説書[50)]によると，2012 年において米国のアジュバントは 27 タイプに分類され，その製品数（27 タイプからタンク洗浄剤，発泡剤，香料，緩衝剤，その他を除く）は 933 品目あり，タイプで見ると窒素肥料配合系 157 品目，ノニオン性界面活性剤 134，シードオイルメチル化物（MSO）62，植物油濃縮物（大豆，ヒマワリ, ナタネ, コーンなど）51, シリコーン系界面活性剤 39, ドリフト防止剤 224, 展着剤・固着剤 25 などに分類できる．製造元は 37 社あり，主要な会社として Helena Chemical が 53，Red River Specialties が 48，Wilbur-Ellis が 45，Winfield Solutions が 42，Precision が 40，United Suppliers が 40 品目あり，様々な機能のアジュバントが製造・販売されている．

この除草剤用途のアジュバント概説書以外に殺虫剤，殺菌剤や植調剤用アジュバントも製造・販売されており，従って米国では日本の展着剤に相当する製品数はおよそ 1000 品目が上梓されているものと推定される．またアジュバントの EPA 登録ラベルを見ると，拡展性・固着性・混用性・ドリフト防止・耐雨性・UV 分解防止・土壌浸透性など様々な機能が挙げられる．もっとも重要な機能は散布水量が少ない条件における散布ムラを防止すべく薬液の均一な濡れ性と薬効の安定増強効果であり，最近はドリフト防止剤がタイプ別でもっとも多いことからドリフト対策のニーズが米国でも高まっているものと推察される．

3）米国でのアジュバント使用実態

2000 年に帯広市にて開催された日植防主催のシンポジウム「21 世紀の農薬散布技術の展開」におけるヘレナケミカルの Underwood によると[51)]，世界のアジュバント市場は約 10 億ドルで最大の市場は米国であり約 40％を占有し，製品別では 26％がノニオン系界面活性剤，26％が植物油濃縮物，16％が窒素肥料配合物，16％が消泡・緩衝・混用改良剤等と紹介している．

またデータは少し古いが，1989～1992 年に米国で販売されている 485 品目の農薬のラベル（粒剤含む）についてアジュバント推奨の有無がバージニア工科大学のFoy[52]によって調べられた報告があり，全体の49%にアジュバントの推奨が記載されており，アジュバント添加不可が明記された5%を加えると全体の54%にアジュバント推奨の有無に関する情報があった．特に除草剤に関してはアジュバントの推奨が71%と高い結果であったが，最近は遺伝子組み換え作物の普及に伴い，グリホサート用アジュバントの使用が減少する傾向にある．一方，日本の農薬ラベルに特別な展着剤が推奨されることは極めて少なく，薬害問題を理由にして添加を不可とする事例が見られる程度であり，ネギやニンニクなどの濡れ性の悪い作物に関して展着剤の多めの添加が推奨されている．

このような相違の背景には米国では日本と比べて高濃度少水量散布（標準で25L/10a）や空中散布（標準で5～10L/10a）の際に散布ムラが発生する散布条件であることが大きな要因と推察される．米国では農薬ラベルや指導機関及びアジュバント製造･販売元からの技術情報としてアジュバントの推奨のみならず，散布条件も明記されており，特にドリフト防止対策に関して過剰な散布水量の禁止（果樹で225L以上/10a）及び粒径に及ぼすアジュバントの影響（150μm以下は不適合）も紹介されている．またアジュバントメーカーは積極的に大学やコンサルタントを活用して基礎試験や現地試験データを公表すると共に，特定のアジュバントを用いた試験で収量増加を紹介するチラシに関して農薬会社からお墨付きを入手し，さらに農薬会社自身も独自で開発したアジュバントを推奨しているケースも見られる．要はアジュバント添加によって農薬散布作業の効率化も含めてトータルでコストを低減化できることに経営者の視点が置かれているため，アジュバント活用が米国で広く普及しているものと推察される．

4）海外での使用事例から学ぶ

世界でもっともアジュバントが普及しているのは米国であり，卸店やアジュバント製造・販売会社だけでなく，農薬会社もアジュバント添加を積極的に推奨している．その事例を大学，農薬会社，アジュバント製造・販売会社別にその技術資料やホームページからの情報に基づいて紹介する．

a）大学

日本と異なり，米国の大学は生産者である農家を対象としたセミナーや現地のニーズに沿った試験結果に基づいて各種の作物に様々なアジュバントを推奨している．アリゾナ大学が発行している「農作業マニュアル」にはまず農薬製剤の剤型別の基本的な説明があり，次にアジュバントについても簡潔に紹介されている．それによると，アジュバントとは農薬製剤又はタンクミックスの際に添加される薬剤であり，その目的は効果向上又は作業安全性確保のために添加され，代表的なアジュバントは界面活性剤で，散布液の性状を変える性質がある．12のカテゴリーを紹介し，水和剤用濡れ剤，オイルベースの農薬向けに乳化させる薬剤，処理部位に対して均一に散布できる拡展剤，しっかりと固着させる薬剤，処理部位への浸透剤，ドリフト軽減のための発泡剤，散布粒径を大きくするドリフト防止剤，農薬作業者への安全性や作物への薬害を軽減する薬剤，農薬混用時に酸性やアルカリ性を調整する緩衝剤，消泡剤などがある．

ペンシルベニア州立大学が発行している「除草剤の効果を高めるアジュバント」はさらに詳細に紹介されている．それによると，内添型と別添型アジュバント（スプレーアジュバント）の2つのタイプを挙げており，スプレーアジュバントには散布液の物性を改良するものと効果向上や作用性を改良するものがある．有効成分から分類すると，界面活性剤，クロップオイル濃縮物（マシン油乳剤含む），植物油濃縮物，窒素肥料配合物がある．散布液の物性を改良するものの中で，機能面から分類して混用性改良剤4，ドリフト防止剤7，消泡剤2，緩衝剤6の合計19製品が具体的にリストアップされている．ノニオン系界面活性剤16，クロップオイル濃縮物6，植物油濃縮物7製品が同様に紹介されている．具体的な事例としてニコスルフロン（Accent）とイマザピル液剤（Pursuit）に対する各種のアジュバント添加効果として複数の雑草に対する除草活性の向上を紹介している．最後に農薬ラベルをよく読んで，適切なアジュバントを選択すると最大の効能と安全性を確保できるものの，間違ったアジュバントを選択すると不十分な性能や薬害の発生するリスクがあると警告している．

b）農薬会社

グローバル企業であるシンジェンタ，バイエル，BASFやデュポンなどは自社販売の農薬のラベルやホームページにアジュバント添加に関する情報を紹介するだけでなく，バイエルのように自社開発のアジュバント（Biopower：アニオン系界面活性剤）を積極的に推奨している事例もある．米国デラウェア州ウィルミントン市に本社のあるデュポンから発行されている「地上散布向け殺虫剤散布管理手引き」ではアジュバントについても記載がある．まず製品ラベルをよく読んでアジュバント添加が許された対象作物に限り，特にワックスが発達した作物の頂芽や繁茂状態での散布ではアジュバント添加により，効率的な濡れ性の改良をもたらすことができると推奨している．さらにアジュバント製造・販売会社のアジュバントラベルの記載内容に従って使用し，常に混用性に関して事前に問題がないかを調べ，茎葉や果実に悪影響を及ぼさないEPAに認可されたアジュバントを使用するように明記されている．一方，大学と同様に不適正なアジュバントの選択，間違った添加量等により，悲惨な結果を招く恐れがあることも警告している．アジュバントの添加による影響として，まず散布液剤の粒径への影響を挙げている．表面張力が著しく低い有機シリコーン系単独又はノニオン系との混用の場合，粒径をさらに細かくしたり，ドリフトのリスクを高めたり，流亡や付着効率の低下を招く恐れもあるので，これらのアジュバント添加は地上散布には不向きであると注意している．オイルアジュバント，MSO（シードオイルメチル化物），マシン油濃縮物とノニオン系は蒸散を抑制し，作物での濡れ性を向上させる．さらに葉や害虫のクチクラ浸透を促進すると共に，散布水量の低減にも効果的であると明記している．

豪州メルボルン市に本社のあるニューファームは大手農薬会社であるが,「アジュバント製品ガイド」を独自で発行してアジュバント添加を積極的に推奨している．そのガイドでは，まずアジュバント添加の効果は主剤の低投与量で顕著に観察されること及び有効成分である界面活性剤の基本的な機能を紹介している．次に濡れ性向上，効果安定化，浸透性向上，天然誘引及び物性改良の 5 つの機能カテゴリーをあげ，濡れ性向上剤 3，効果安定化剤 3，浸透向上剤 3，天然誘引剤 1，一般物性改良剤 3 の製品群を紹介している．濡れ性向上剤の事例として，ジクロホップメチル（Nugrass）及びスルホニルウレア系であるクロルスルファムロンの 2 種の除草剤に対する Spraymate Activator（ノニオン系界面活性剤 90%）の添加により，濡れ性や取り込みの向上，泡立ち抑制，散布水量の低減化と併せて雑草に対する殺草効果が向上することを紹介している．Pulse Penetrant（変性ポリジメチルシロキサン 100%）は，0.2%添加で標準的なノニオン系アジュバントと対比して葉面での拡がりが 13 倍も優ることを写真で示し，さらに耐雨性も向上させ，特にワタでネオニコチノイド系殺虫剤のイミダクロプリドに有効であると紹介している．効果安定化剤の事例として，粒径コントロール，付着向上，pH 調整剤やアンタゴニズム軽減化などを挙げており，Spraymate Bond（合成樹脂 45％と界面活性剤 10％配合）添加により，マンコゼブ（Penncozeb750DF）の殺菌活性を 41％向上させた試験結果に基づいて耐雨性向上効果を紹介している．

c）アジュバント製造・販売会社

米国ではアジュバント製造・販売会社として除草剤用アジュバント概説書に 37 社が明記され，一方で欧州の中で英国のアジュバント関連のホームページを見ると，48 社の製造・販売会社の合計 288 品目が紹介されている．これらの会社では自社の独自の試験データに基づいて推奨しているケースが多いが，コンサルタントとして元大学教授を起用したり，地元の大学との共同研究の試験結果に基づいて推奨している．

まず最大手のヘレナケミカルはテネシー州のメンフィス市に本社があり，彼らのホームページを見ると製品群をリストアップしているものの，契約した会員のみに詳細な情報を開示しており,営業マンへのコンタクトを推奨している．そこで Young[50] が編集した除草剤用アジュバント概説書を参照すると，ヘレナでは 53 品目を製造・販売しており，機能面からドリフト防止剤 13，ノニオン系（シリコーン系の 3 品目含む）10，クロップオイル濃縮物 8 品目などを品揃えしている．次にレッドリバーもヘレナと同様にホームページから情報は入手できず，除草剤用アジュバント概説書を参照すると，48 品目を製造・販売しており，機能面からノニオン系（シリコーン系の 2 品目含む）14，ピネン油等のその他カテゴリー7，パラフィン系固着剤 44 品目などを品揃えしている．除草剤用アジュバント概説書によると，ラブランドは 36 品目を製造・販売しているが，彼らのホームページでは 40 品目のアジュバントをリストアップし，特に 7 品目に関して試験事例を挙げて添加効果を紹介している．ストロビルリン系殺菌剤であるピラクロストロビン（Headline）へ Franchise（ノニオン，脂肪酸メチルエステルとレシチン配合）を 0.25％添加することにより，トウモロコシの収量が約 3％増加することを紹介している．同様な成分からなる Liberate はドリフト防止，付着性や浸透性の向上を写真で紹介している．また豪州で独占権のある専門代理店のニューファームの販売実績に基づき，ラブランドは 2009

年に優秀なアジュバント普及活動を表彰しており，農薬会社とアジュバント製造・販売会社の協力関係を垣間見ることができる．

上手な選び方・使い方のポイント　応用編（1）

Q1：展着剤の上手な使い方のポイントはありますか？

A1：散布水量の低減，主剤の登録範囲で低濃度，散布回数の低減等を前提とした散布条件で展着剤の添加を考えることが重要です．特に米国のように散布水量が少ない条件下（標準で 25L/10a），散布ムラによる効果のバラツキを回避するために機能性展着剤であるアジュバントは必須になっています．散布時間の削減と植物毒性リスクの低減を意識してトータルでコスト削減を目指すことが大前提になります．我が国の散布水量に関しては兵庫農試で実施された試験結果（ナス・トマト・キュウリ・ホレンソウ・ナシ・ブドウ）から，展着剤添加によって最大付着量となる散布水量を低減できることが示唆されており，日本での散布水量をもっと低減できることを示唆しています（図 30 参照）．

Q2：アジュバント技術の中で，現場で添加するタイプ（別添型）と製剤内に添加済みのタイプ（内添型）の 2 種類がありますが，現場での使用を考えるとすべて後者のタイプであれば普及や使用上，簡単ではないでしょうか？

A2：一部の製品には内添型アジュバントが実用化されていますが，多くの製品では現場で添加する場合が主体です．その理由は有効成分と同等以上のアジュバント配合量が必須であること及び製剤化した製品の長期安定性の担保が難しいことから現場での混用である別添型アジュバントが主流になっています．

第３章　主要な作物での試験事例集

第３章　主要な作物での試験事例集

3-1　果樹での適用

果樹における病害防除では，特に保護殺菌剤の散布時に固着剤添加が広く検討されて実用化されている．具体的には降雨時に伝染して感染・発病するカンキツ類の黒点病やそうか病，ナシの黒星病や輪紋病，ブドウの黒とう病やべと病，枝膨病，カキの炭そ病，モモせん孔細菌病等の防除で固着剤の添加効果が確認されている．29 種の展着剤（固着剤，一般展着剤，機能性展着剤）を用いてカンキツ類向けで代表的な保護殺菌剤であるマンゼブ（ジマンダイセン水和剤）400 倍の付着液量とカンキツ褐色腐敗病に対する添加効果が佐賀果試[5]にて検討された（表 21）．付着液量はパラフィン系固着剤を除いてすべての展着剤が殺菌剤単独に比べて 3 分 1 から 7 分の 1 程度まで減少した．殺菌剤の付着液量が防除効果を左右する雨媒伝染病害に対して効果の低下が懸念されるが，付着液量のみで防除効果に影響している訳ではなく，一般展着剤や機能性展着剤は薬液被覆率が高まり，付着ムラが少なくなるため，風媒伝染病害や微小害虫には効果の向上が期待できる場面もある．しかし，果樹は品種，生育ステージや樹勢などにより，果面のさびや新葉の褐変，旧葉の落葉などの異なる薬害リスクが伴うので十分な検討が必要である．

1）無機銅剤と有機銅剤

田代のデータ解析[5]によると，無機銅であるボルドー液を用いて，パラフィン系固着剤（アビオン E）を 1,000 倍で添加すると，殺菌剤単独に比べ，約 4 割発病を減少させることができた（表 22）．従って，これまでと同じ程度の防除効果であれば，散布回数を低減させることが可能になる．具体的にはブドウべと病に対する IC ボルドー66D 50 倍，モモせん孔細菌病に対する IC ボルドー412 30 倍において添加効果が確認された．ナシ黒斑病の防除に広く使用されている有機銅水和剤（キノンドー水和剤 80）の 1200 倍にパラフィン系固着剤（アビオン E）を 1,000 倍で添加すると，殺菌剤単独に比べて発病が約 2 割減少した．同様にリンゴ斑点落葉病に対して有機銅水和剤（オキシンドー水和剤 80）の 1,500 倍にパラフィン系固着剤を 1,000 倍で添加すると，殺菌剤単独に対比

表 21　マンゼブ水和剤に各種展着剤を混用した場合の付着薬液重量とカンキツ褐色腐敗病に対する防除効果の比較

展着剤の種類	分類型 a)	成分量(%)	希釈倍数	付着薬液重量の比較 b)	マンゼブ水和剤単用散布に対する発病率の割合 c)
アビオン E	L	24	1,000	114.3	0.17（0.09-0.34）
グラミン	A+H	10+6=16	10,000	80.0	—
ハイテンパワー	D	30	5,000	72.2	1.07（0.89-1.28）
シンダイン	A+I	10+10=20	5,000	64.9	—
グラミン S	A+D+H	15+5+4=24	10,000	64.5	—
トクテン	A+D	15+5=20	10,000	64.1	—
スプレースチッカー	E	70	2,500	62.8	0.87（0.69-1.09）
S-ハッテン	A+H	24+5=29	10,000	60.5	—
ヤマト展着剤	A+D+H	15+5+5=25	10,000	59.3	1.20（1.02-1.40）
マイリノー	C	27	10,000	54.7	0.78（0.61-1.00）
ベタリン-A	A	20	5,000	53.0	—
ハイテン A	B2	30	10,000	52.0	—
特性リノー	A+I	20+12=32	5,000	50.4	0.91（0.74-1.13）
バンノー展着剤	A+I	20+12=32	5,000	49.7	—
クミテン	A+H	20+6=26	5,000	49.6	1.11（0.93-1.32）
展着剤アイヤー20	A+D	10+10=20	3,000	47.3	0.70（0.53-0.92）
新グラミン	A+B1+I	10+10+12=32	3,000	45.7	—
展着剤アグラー	A	20	5,000	44.4	—
アドミックス	A	36	5,000	44.4	1.17（1.00-1.38）
ネオエステリン	A+D+E	20+5+5=30	5,000	41.7	1.07（0.89-1.28）
KK ステッカー	E	70	2,500	40.8	—

表 22　パラフィン系固着剤を混用した場合の防除効果への影響 a)

対象病害	散布殺菌剤と希釈倍率		アビオン E の希釈倍率	研究事例数	殺菌剤単独散布と比べた場合の発病割合 a)
ナシ黒斑病	キノンドー水和剤 80	1,200	1,000	4	0.77（0.69-0.86）
ブドウべと病	IC ボルドー66D	50	1,000	6	0.56（0.40-0.76）
モモせん孔細菌病	IC ボルドー412	30	1,000	4	0.53（0.37-0.76）
リンゴ斑点落葉病	オキシンドー水和剤 80	1,500	1,000	4	0.58（0.46-0.73）

a) メタアナリシスによる推定値で，（　）は 95%信頼区間を示し，この価が 1.0 未満の場合にアピオン E の加用効果が認められる．解析に用いたデータは（社）日本植物防疫協会の委託試験成績から主に引用した．

供試固着剤：アビオン E（パラフィン系）．

引用：田代暢哉（2009），植物防疫 63（4），212．

表 21　マンゼブ水和剤に各種展着剤を混用した場合の付着薬液重量とカンキツ褐色腐敗病に対する防除効果の比較（続き）

展着剤の種類	分類型[a]	成分量（%）	希釈倍数	付着薬液重量の比較[b]	マンゼブ水和剤単用散布に対する発病率の割合[c]
アプローチ BI	F	50	1,000	33.8	1.09（0.91-1.30）
ニーズ	D+K	44+18=62	1,000	32.3	1.28（1.11-1.48）
スカッシュ	F1	70	1,000	26.4	―
サブマージ	未分類	50	3,000	25.6	―
プラテン 80	B1	80	5,000	19.2	―
サントクテン 80	B1	80	5,000	17.2	1.30（1.13-1.50）
ダイコート	A+I	30+9=39	2,000	14.7	1.02（0.84-1.24）
ミックスパワー	A+B2	40+40=80	3,000	13.2	1.00（0.82-1.22）

a）展着剤に含まれる有効成分を以下の記号で便宜的に表示．A：ポリオキシエチレンアルキルフェニルエーテル，B1：ポリオキシエチレンドデシルエーテル，B2：ポリオキシエチレンアルキルエーテル，C：ポリアルキルグリコールアルキルエーテル，D：ポリオキシエチレン脂肪酸エステル，E：ポリオキシエチレン樹脂酸エステル，F：ポリオキシエチレンヘキシタン脂肪酸エステル，F1：ソルビタン脂肪酸エステル，G：ポリオキシエチレンメチルポリシロキサン，H：ポリナフチルメタンスルホン酸ナトリウム，I：リグニンスルホン酸カルシウム，J：ジオクチルスルホコハク酸ナトリウム，K：ポリナフチルメタンスルホン酸ジアルキルジメチルアンモニウム，L：パラフィン．

b）マンゼブ水和剤 400 倍単用散布の場合の薬剤付着重量を 100 としたときの割合．

c）散布 28 日後（累積降雨量 136mm）の接種における発病率から算出，（　）は 95%信頼区間を示し，この範囲が 1.0 以下の場合は展着剤の加用効果が認められ，1.0 以上の場合には逆に効果を低減させることを示している．－は試験未実施．

試験場所：佐賀県果樹試験場．

供試殺菌剤：マンゼブ水和剤（ジマンダイセン水和剤）400 倍．

引用：田代暢哉（2009），植物防疫 63（4），212.

して発病が約 4 割減少した．

2）マンゼブ水和剤

すでに第 1 章で紹介済みであるが，温州ミカンはマンゼブ水和剤等にマシン油乳剤（ハーベストオイル）を添加することで黒点病に対する効果が向上することを井出ら[5,14)] は報告した（表 4）．この場合，散布回数が同じであれば効果が大きく向上した．さらに 5 月下旬から 7 月下旬までの散布回数が標準防除（薬剤散布日間の累積降雨量を 200～250mm に設定）の 4 回を半減した 2 回でも標準防除と同等な効果が得られ，その結果として約 3 割の経費削減になった．これはマシン油乳剤がアジュバントとして機能し，葉面や果実へ有効成分である殺菌剤の取り込み量を増加することによって殺菌剤の耐雨性が向上することに起因すると考察された．マンゼブ水和剤以外ではイミベンコナゾール・マンゼブ（マネージM水和剤），イミノクタジンアルベシル酸塩・マンゼブ（サーガ水和剤）へマシン油乳剤を添加し，カンキツ類のそうか病，灰色かび病や黒点病に対しても添加効果が認められた．

1970年代に和歌山果試[53]では殺菌剤と殺虫剤の混用時の物性として混用液の沈殿と薬害，薬液の表面張力の変化と付着量を測定し，殺虫剤の混用により殺菌剤の付着量が減少するだけでなく，沈殿物が薬害を助長したり，混用性改善のために添加されるエーテル型ノニオン系展着剤（新リノー：2006年登録失効）5,000倍が薬害を助長する場合もあることを確認した．一般的に保護殺菌剤は初期付着量を向上させることが殺菌効果（予防効果）に重要であると考えられており，次のステップとしてカンキツ病害防除と残留期間について展着剤の添加効果も含めて検討された[54]．その結果，マンゼブ水和剤（ジマンダイセン水和剤）及びジネブ水和剤（ダイセン水和剤：2005年登録失効）にエーテル型ノニオン系展着剤（サントクテン80：ポリオキシエチレンドデシルエーテル80%）を添加すると，黒点病に対する効果が著しく劣った（図32）．その後，カンキツ類の農薬散布において展着剤不要論が定着することになった．なお，この試験でも夏マシン油乳剤添加は散布後39日の残留量が高く，黒点病防除効果も同様に高いことが確認された．

愛媛果試[55]では濡れた状態でカンキツ樹への散布が2種のマンゼブ水和剤の付着量と黒点病防除に及ぼす影響に関して検討された．まず温州ミカン果実を用いて濡れた状態と濡れていない状態でマンゼブ水和剤を散布した結果，明らかに濡れた状態では付着量が少ない値であった．そこで，温州ミカン樹を用いて濡れた状態と濡れていない状態で散布したところ，濡れた樹では付着量が劣り，黒点病防除効果も同様に劣った結果になった．従って薬剤散布に際して散布時の降雨に関する気象情報のみならず，散布前の樹の濡れ・乾き状態の把握も農薬の効果発現に重要であることが再確認された．

3）クレソキシムメチル水和剤

カンキツ類のそうか病防除についてクレソキシムメチル（ストロビードライフロアブル）3,000倍にマシン油乳剤200倍が添加された各種データを田代の

供試剤		程度別発病果率(%) 甚	多	中	少～無
ジマンダイセン	×600	4.0	14.0	22.0	60.0
	×600＋サンクトテン	31.7	13.9	24.8	29.6
	×480＋ミクロデナポン	12.7	12.0	26.0	49.3
	×420＋エラジトン	8.0	16.7	26.0	49.3
	×360＋ジメトエート	0.7	3.3	16.0	80.0
	×240＋スプラサイド	0.0	2.7	5.2	92.1
	×180＋エルサン	0.0	1.4	5.7	92.9
	×180＋シトラゾン	0.0	0.0	5.4	94.6
	×120＋ビニフェート	0.0	0.0	0.7	99.3
	× 60＋アミホス	0.0	1.3	4.7	94.0
	× 60＋サンクトテン	0.0	0.0	2.7	97.3
ダイセン	×500	18.2	23.5	37.2	21.1
	×500＋サンクトテン	54.0	26.0	18.0	2.0
無散布		52.7	33.3	10.7	3.3

図32　マンゼブ水和剤濃度と他剤混用による黒点病防除効果（1972）
注）降水量：6月9日～8月2日 525.1mm，8月2日～9月19日 554.3mm.
散布月日：6月9日，8月2日.
調査月日：9月19日.
試験場所：和歌山県果樹試験場.
供試殺菌剤：マンゼブ水和剤（ジマンダイセン），ジネブ水和剤（ダイセン）.
供試展着剤：エーテル型ノニオン系（サンクトテン80）.
引用：夏目兼生・山本省三（1973），関西病害虫研究会報 15，80.

解析[5]によって，ジチアノン水和剤（デランフロアブル）1,000倍と同等の効果が確認された（表23）．この場合，ジチアノンに比べて経費はやや高くなるが，散布作業者の皮膚かぶれの心配がないという利点はある.

4）カンキツ類の果実腐敗病

愛媛果樹研究センター[56]において複数の展着剤を用いてカンキツ類の果実腐敗病への添加効果が検討された．その結果，晩柑類の伊予柑を用いて，殺菌剤イミノクタジン酢酸塩・チオファネートメチル（ベフトップジンフロアブル）

表 23　メタアナリシスによる解析結果から得られたクレソキシムメチル水和剤及びマシン油乳剤混用の温州ミカンそうか病に対する防除効果の評価 a)

薬剤	希釈倍数	ジチアノン水和剤との防除効果の比較 b)		ジチアノン水和剤の散布経費を 100 とした場合の割合	実際の経費の違い c)
		春葉	果実		
クレソキシムメチル水和剤	2,000 倍	○（同等）	○（同等）	143	820
クレソキシムメチル水和剤	3,000 倍	○（同等）	×（4.6 倍の発病）	96	-95
クレソキシムメチル水和剤 マシン油乳剤	3,000 倍 200 倍	○（同等）	○（同等）	133	625
クレソキシムメチル水和剤 マシン油乳剤	4,000 倍 200 倍	○（同等）	×（4.7 倍の発病）	109	165
ジチアノン水和剤	1,000 倍			100	

a) 2000～2002 年に実施された 6 試験（九防協連絡試験）結果のメタアナリシス.
b) ○：ジチアノン水和剤（デランフロアブル）1,000 倍と同等の防除効果が得られる.
　×：実用的な防除効果は得られない.
c) 10a 当たり 500L 散布した場合の金額の差. 算出基礎は佐賀県内流通価格を基に算出.
供試殺菌剤：クレソキシムメチル水和剤（ストロビードライフロアブル）.
引用：田代暢哉（2009），植物防疫 63（4），212.

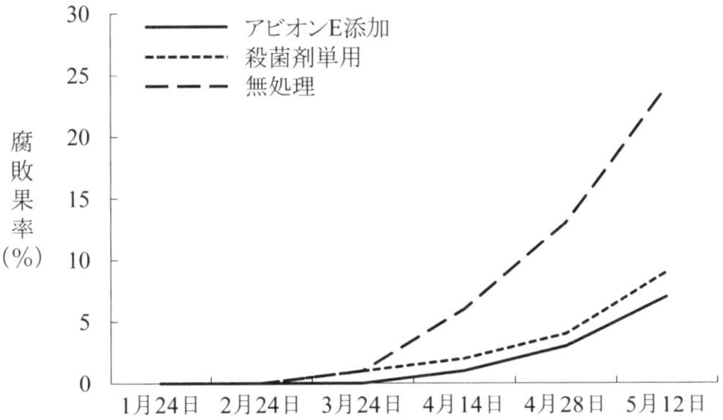

図 33　展着剤添加による果実腐敗抑制効果
供試品種：伊予柑.
供試殺菌剤：イミノクタジン酢酸塩・チオファネートメチル（ベフトップジンフロアブル）1000 倍.
供試展着剤：パラフィン系（アビオン E）500 倍.
調査日：1 月 24 日，2 月 24 日，3 月 24 日，4 月 14 日，4 月 28 日，5 月 12 日.
引用：篠崎敦（2014），愛媛県果樹研究センターHP，パラフィン系展着剤などの加用による果実腐敗抑制効果.

散布においてパラフィン系展着剤（アビオン E）添加は殺菌剤単独よりもやや優る防除効果が 5 月 12 日までの貯蔵試験で確認された（図 33）. パラフィン系展着剤添加では添加効果の再現性が確認できたが，その他の濡れ性の良い展着剤（シリコーン系）では再現性のある良好な結果は得られなかった．

5）ジチアノン水和剤

ナシ黒斑病として薬効が不十分であるジチアノン水和剤(デランフロアブル)を用いて展着剤を添加した効果について，田代[5]によって統計的に解析された．エーテル型ノニオンを有効成分とする展着剤（サントクテン80）を5,000倍で添加すると，薬液が果面全体にムラなく拡がって付着し，薬剤の被覆状態が大きく改善され，二十世紀ナシ園にて実施した12例の試験中，8例で防除効果が有意に向上した（図 34）．しかし，同じエーテル型ノニオン系展着剤（サントクテン40）の添加により，初期付着量が殺菌剤単独に比べて2割まで低下する

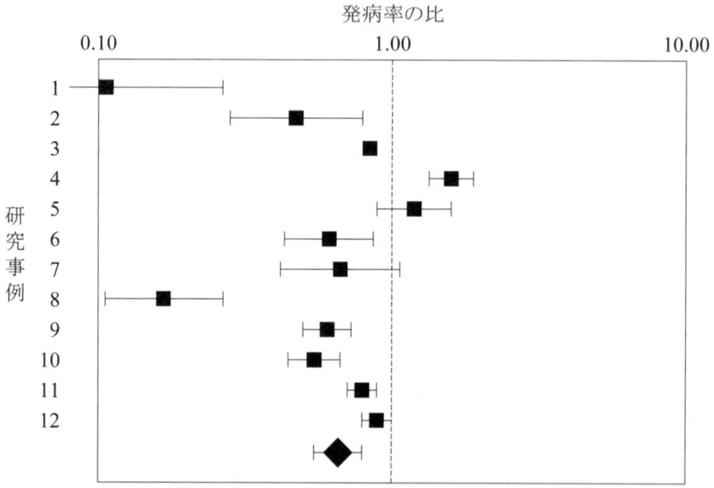

図 34　展着剤の加用によるジチアノン水和剤 1,000 倍のナシ黒斑病に対する防除効果の向上

■の両側の線は発病率の比の 95%信頼区間を表しており，いちばん下の大きな◆はメタアナリシス（Der Simonian-Laird method）による12研究事例の統合値を示している．信頼区間が1.0以下に入っていれば展着剤を加用したほうが効果が確実にまさり，1.0よりも大きいと加用の効果はないことを示す．なお，信頼区間が1.0を含んでいる場合，例えば事例5では展着剤加用は単用よりも発病率が高いが，その差は誤差の範囲で，統計的には差がないことを示している．

発病率の比=(ジチアノン水和剤 1,000 倍+展着剤 5,000 倍)÷ジチアノン水和剤 1,000 倍.

引用：田代暢哉（2009），植物防疫 63（4），212.

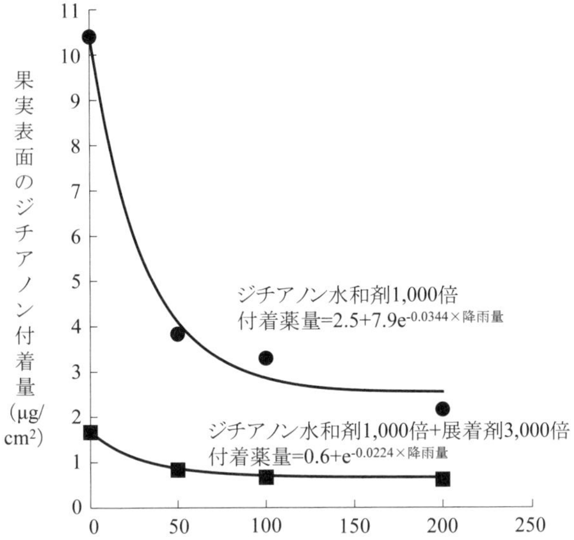

図 35　ジチアノン水和剤の二十世紀果実上における付着量に及ぼす展着剤の加用と降雨の影響
1 日当たり 50mm（降雨強度 17mm/時間×3 時間）の人工降雨処理を実施後に各累積降雨量に達した時点で果実を回収し，ジチアノンの付着量を分析．展着剤としてサンクトテン 40（エーテル型ノニオン系）を使用．
引用：田代暢哉（2009），植物防疫 63（4），212.

だけでなく，散布後の降雨の影響によりさらに減少した（図 35）．従って，展着剤の長所である薬剤の付着ムラをなくすことから，効果向上が認められるが，初期付着量の大幅な減少や散布後の降雨でさらに減少することを考慮して使用する必要がある．

6）モモホモプシス腐敗病

モモのホモプシス腐敗病は多雨条件下では防除効果が劣る場合があるので，効果安定のために福島果試[57]にて展着剤の利用検討が実施された．品種あかつきを用い，5 種の展着剤添加（パラフィン系，アニオン系，カチオン系，エステル型ノニオン系，エーテル型ノニオン系）による殺菌剤ベノミル・TPN（ダコレート水和剤）1,000 倍，イミノクタジンアルベシル酸塩（ベルクート水和剤）1,000 倍に及ぼす効果が 2002〜2005 年に検討された．その結果，殺菌剤単独区は果実暴露期間が7日及び10日で防除価が約90と高い効果が認められたものの，15日及び20日になるにつれて効果は低下した．しかし，パラフィン系固着剤（アビオンE）1,000倍又はアニオン系展着剤（サブマージ）3,000倍を添加すると（図36），長期間（果実暴露期間：15日，20日）にわたり高い防

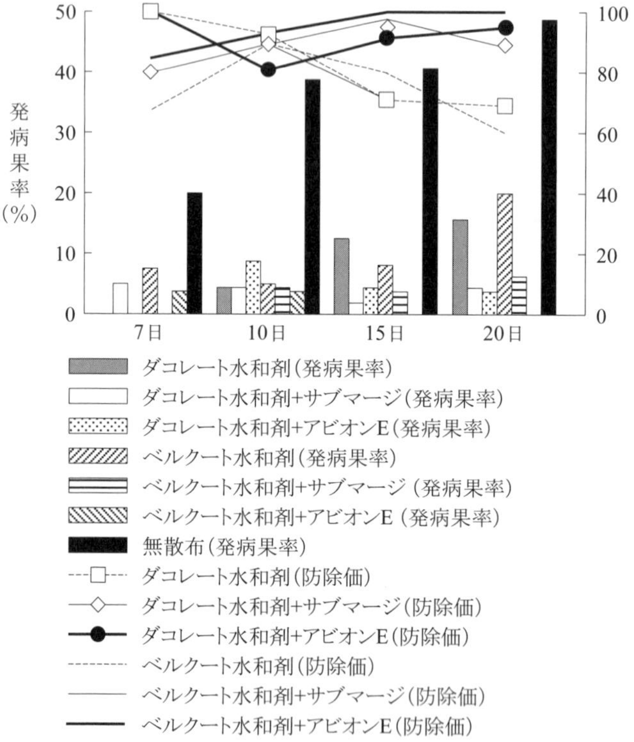

図36　モモホモプシス腐敗病に対する残効性（2005年）
薬剤散布から20日間(6月21日〜7月11日)の降水量は94.5mmと平年並であった.
試験場所：福島県果樹試験場.
供試品種：あかつき.
供試殺菌剤：ダコレート（ベノミル・TPN水和剤）1,000倍，ベルクート（イミノクタジンアルベシル酸塩水和剤）1,000倍.
供試展着剤：パラフィン系（アビオンE）1,000倍，アニオン系（サブマージ）3,000倍.
引用：菅野英二・尾形正（2006），東北農業研究 59，143.

除効果を示し，梅雨時の多雨条件下でこれらの展着剤を添加することによってホモプシス病に対して十分に安定した防除効果が得られた.

7）リンゴの病害虫防除等

すでに第1章にて紹介済みであるが，殺菌剤のビンクロゾリン（ロニラン水和剤：1996年登録失効）の低濃度（2,000倍）へカチオン系展着剤（ニーズ）を添加してモニリア病防除試験が岩手園試[10]で実施され，殺菌剤1,000倍単用と同程度の高い治療効果が確認された（図5）．同様な試験結果はチオファネートメチル（トップジンM水和剤）でも確認された．斑点落葉病に対してカチオン系展着剤（ニーズ）をキャプタン・ホセチル（アリエッティC水和剤）へ添加して散布回数の低減化が岩手園試で検討された[10]（表3）．その結果，カチオン系展着剤添加の15日間隔散布は一般展着剤添加区及び殺菌剤単独区の15日間隔より防除効果が高く，また殺菌剤単独区の10日間隔散布区と同等な高い防除効果を示した．以上のようにカチオン系展着剤添加により，15日間隔散布でも10日間隔散布並みの高い防除効果が認められて省力散布の可能性が示唆された．なお，本試験で葉や果実に薬害は全く認められなかった．また秋田果試鹿角分場[10]にて加工用リンゴを対象にし，同様にカチオン系展着剤1,000倍を用いて大幅な散布回数の低減化試験が検討された．その結果，慣行散布13回に対してカチオン系展着剤添加は6回散布であったものの，収穫されたすべての果実について炭そ病，疫病，モモシンクイガやハマキムシ被害はほぼ同等の高い防除効果を示し，省力散布の可能性が示唆された．本試験では加工用リンゴであることから，さび果については言及されていないが，腐敗果などの品質は全く問題なかった．さらにカチオン系展着剤（ニーズ）1,000倍を用いて岩手大学と花王との共同研究[10,11]にて体系防除（1991年:4〜9月の合計11回，1992年：4〜8月の合計10回）で供試殺菌剤の濃度を慣行の2分の1へ半減して実施した結果，黒星病と斑点落葉病防除について従来濃度の慣行区と比べてカチオン系展着剤添加の半減濃度区は同等以上の防除効果が認められた（図37）．しかし，ノニオン系一般展着剤（アイヤー：2010年登録失効）5,000倍添加の半減濃度区は2年共に慣行区と対比して劣る防除効果であった．なお，この試験でも薬害は観察されなかった.

病害虫防除以外でも展着剤は有効的に活用されており，リンゴの摘果剤NAC

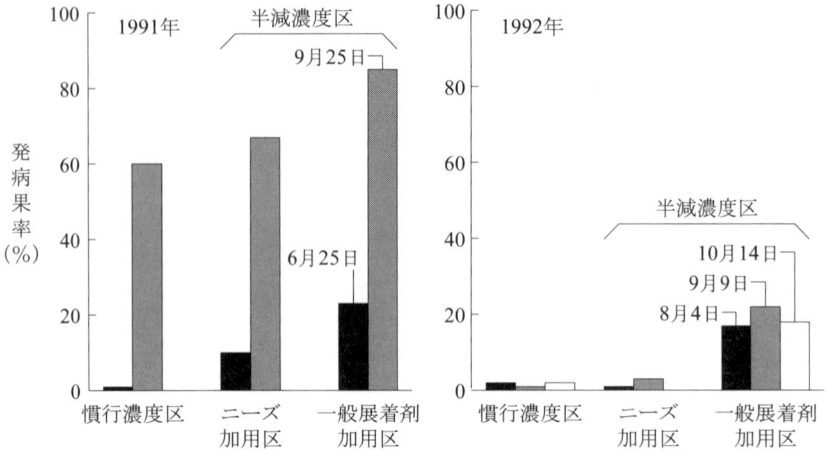

a）黒星病に対するニーズの加用効果（岩手大学，花王）

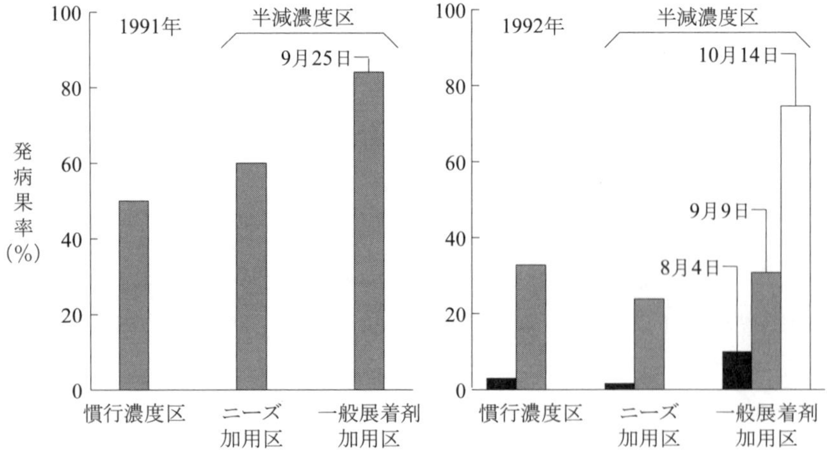

b）斑点落葉病に対するニーズの加用効果（岩手大学，花王）

図 37　リンゴの病害防除体系に及ぼすカチオン系展着剤の影響

試験場所：岩手大学農学部試験圃場（滝沢農場），1991-1992 年.

供試品種：主としてふじ，その他としてスターキングデリシャスとゴールデンデリシャス.

試験面積：慣行濃度区（30a），半減濃度区（各 5a）.

供試展着剤：カチオン系（ニーズ）1,000 倍．ノニオン系一般展着剤（アイヤー）5,000 倍

引用：川島和夫ら（1994），農及園 69（5），580.

（ミクロデナポン水和剤）1,200倍へエステル型ノニオン系（アプローチBI）又はカチオン系展着剤（ニーズ）各1,000倍を添加することにより，安定した摘果効果を示して省力化と高品質化に貢献している．

3-2　茶での適用

1）テブフェンピラド乳剤

茶のカンザワハダニ防除は難防除のひとつである．その理由は世代交代が早いこともあり，薬剤感受性低下の問題により有効な殺ダニ剤が安定した効果を長期間持続できなかった．テブフェンピラド乳剤（ピラニカEW）1,000倍に油溶性のエステル型ノニオンを有効成分とする展着剤（スカッシュ）を1,000倍で添加し，宮崎農試にて添加効果が検討された（図38）．対照の殺ダニ剤単独に比べて処理後7，14，21日目でも有意に高い効果を示しており，100近くの防除価が確認された．同様な添加効果が三重農技センターでも認められた．これは油溶性の成分である界面活性剤による薄い被膜作用が作物と標的のダニに

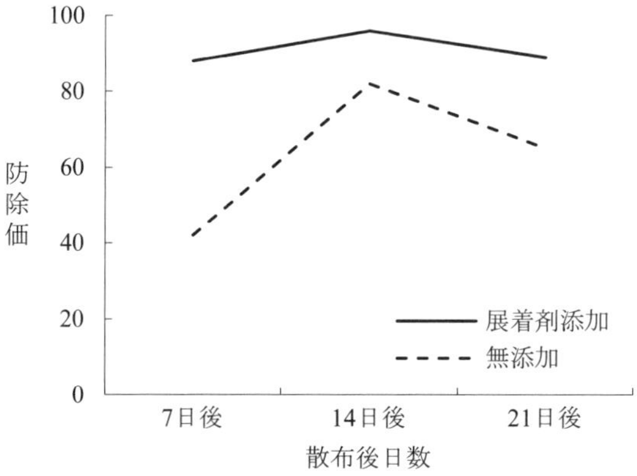

図38　カンザワハダニ防除に及ぼす展着剤の影響
試験場所：宮崎県総合農業試験場茶業支場．
供試品種：やぶきた（16年生）．
薬剤処理日：1994年4月5日
供試殺虫剤：テブフェンピラド乳剤（ピラニカEW）1,000倍．
供試展着剤：油溶性エステル型ノニオン系（スカッシュ）1,000倍．

も効果を発現すると共に同時に散布された殺ダニ剤のダニへの取り込み向上にも寄与していると推察された．この技術は茶樹の枝に寄生するクワシロカイガラムシ防除に使用されるDMTP（スプラサイド乳剤）へも散布水量の低減（慣行で 1000L/10a）及び効果安定化を目的として油溶性のエステル型ノニオンが静岡を中心に広く実用化されていたが，ピリプロキシフェンマイクロカプセル剤の上梓に伴って他剤との混用不可のため,現在は展着剤も添加されていない．

2）カスガマイシン・銅水和剤

西日本,特に九州の茶栽培において赤焼病は晩秋から初春の低温期に多発し，もっとも収益性の高い一番茶への影響が大きいことから，効率的な防除体系の確立が求められている．効率的な防除方法の確立のために，殺菌剤の残効性をさらに高めて散布回数を低減する技術や散布水量を低減する技術，それらを組合せた防除体系の確立が必要である．

まず，銅水和剤の残効性及び残効性へのパラフィン系固着剤（アビオン E）添加効果が鹿児島茶試[13]にて検討された．その結果，塩基性塩化銅水和剤（ドイツボルドー）に比べてカスガマイシン・銅水和剤（カスミンボルドー）及び塩基性硫酸銅（IC ボルドー66D）の残効性は高い結果を示した．残効性の低い塩基性塩化銅水和剤（ドイツボルドー）にパラフィン系固着剤（アビオン E）を 500 倍で添加すると，残効性の向上が確認された（図 39）．他の展着剤も検討されたが，パラフィン系固着剤を優るものはなかった．次に散布水量低減に対する展着剤の添加効果が検討された．赤焼病細菌は茶の葉裏面の気孔から侵入して感染する可能性が高いことから,薬液は葉裏へ十分にかかる必要があり，茶における一般的な殺菌剤の散布水量は 200～400L/10a とされている．散布水量の違いが予防効果に及ぼす影響を見るため，接種前散布試験（接種 5 日前散布）を行い，散布水量の減少と共に防除率も低くなる傾向が観察された．散布水量の違いが治療効果に及ぼす影響を調べるため，接種後散布試験（接種 5 日後散布）を行った．その結果，カスガマイシン・銅水和剤（カスミンボルドー）へカチオン系展着剤（ニーズ）を 1,000 倍で添加すると，散布水量を 400L から 200～300L へ減らしても治療効果の低下はほとんどないことが確認された（図 40)．これはカチオン系展着剤による均一な付着性の向上やカチオンによる展着剤そのものの抗菌活性に起因するものと考察された．これらの結果を踏まえ，

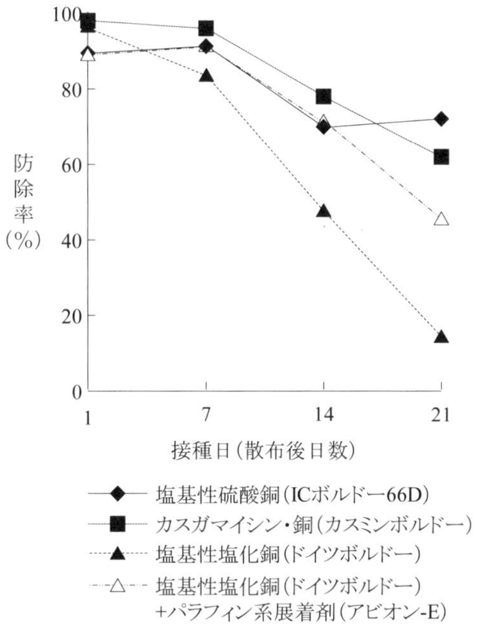

図39　各種銅剤の残効性に対する展着剤の加用効果
各種薬剤を散布し，その1，7，14，21日後に病原細菌を接種した．約2か月後に発病葉を調査し，防除率を算出した（n=2）．塩基性硫酸銅（ICボルドー66D）は50倍，カスガマイシン銅水和剤（カスミンボルドー），銅水和剤（ドイツボルドー）及びパラフィン系展着剤（アビオンE）は500倍で，それぞれ400L/10a相当量散布した．
引用：富濱毅（2009），植物防疫 63（4），218.

すでに紹介済みであるが，散布水量の低減技術が作業的にも経済的にもメリットがある防除体系としてカチオン系展着剤の添加効果が実証された[13]（表2）．

3）チャ赤焼病細菌のバイオフィルム形成及び乾燥耐性に及ぼす影響

赤焼病細菌は葉圏でバイオフィルム様の集合体を形成して乾燥や殺菌剤に対して耐性を示すことが知られている．一方，緑膿菌などでは界面活性剤がバイオフィルム形成を抑制することが報告されている．そこで，界面活性剤を有効成分とする展着剤が赤焼病細菌のバイオフィルム形成に及ぼす影響について鹿

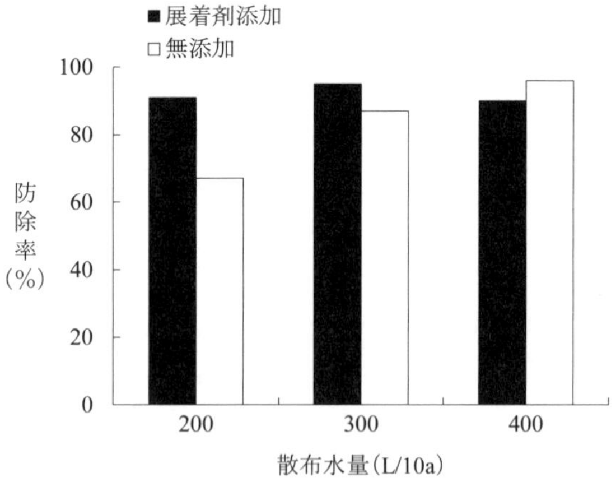

図40　チャ赤焼病防除に及ぼす展着剤の影響
試験場所：鹿児島県茶業試験場.
供試品種：やぶきた.
供試殺菌剤：カスガマイシン・銅水和剤（カスミンボルドー）500倍.
供試展着剤：カチオン系（ニーズ）1000倍
防除率：治療効果を見るために銅剤散布5日前に病原菌を接種し，発病葉率を調査して算出（n=3）.
引用：富濱毅（2009），植物防疫 63（4），218.

児島茶試[13]で検討された（図41）. 5種の展着剤を用いたところ，マイクロタイタープレートの壁面に形成される赤焼病細菌のバイオフィルム形成阻害がいくつかに観察され，さらに乾燥耐性について阻害効果が顕著であったカチオン系展着剤（ニーズ）を用いて検討された．その結果，カチオン系を処理した葉面での赤焼病細菌数は，乾燥条件下で特異的に減少した．この現象は付傷した葉では見られなかった．これらの結果から，カチオン系展着剤は混用する農薬の付着性・浸透性・耐雨性の向上だけでなく，赤焼病細菌の生態にも影響を及ぼす可能性が示唆された．

3-3　野菜の病害防除

1）ウリ類うどんこ病

キュウリ，カボチャ等に代表されるウリ類ではうどんこ病が蔓延すると防除困難な状態になる重要な病害であり，多発時には防除回数の増加と共に薬剤感

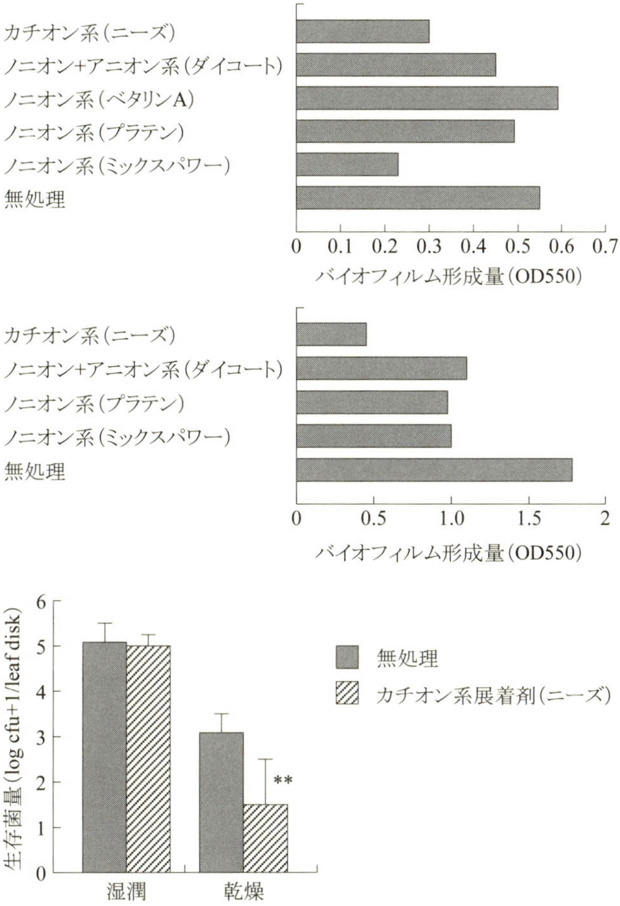

図 41　展着剤がチャ赤焼病細菌のバイオフィルム形成及び乾燥耐性に及ぼす影響
（上図）バイオフィルム形成に及ぼす各種展着剤の影響．展着剤を加用した KB 培地で 24 時間培養後にウェル壁面に形成されたバイオフィルム形成量を測定した．
（中図）形成されたバイオフィルムに対する各種展着剤の影響．KB 培地で 24 時間培養後に形成されたバイオフィルムを，さらに展着剤を加用した KB 培地で 24 時間培養し，バイオフィルム形成量を測定した．
（下図）カチオン系展着剤が葉面での乾燥耐性に及ぼす影響．展着剤を散布したチャ葉（無傷）に，病原細菌を接種し，湿潤条件下に 24 時間置いた後，さらに湿潤（RH95%以上）もしくは乾燥条件（RH<55%）下に 24 時間置き，生存菌量を測定した．
いずれの数値も 4 反復の平均値．
試験場所：鹿児島県茶業試験場．
引用：富濱毅（2009），植物防疫 63（4），218.

表24　キュウリうどんこ病に対する殺菌剤への各種展着剤の添加効果

薬剤及び希釈倍率	展着剤	散布9日後 発病度	散布13日後 発病度
炭酸水素カリウム80%水溶剤 ×800	無加用	37.5c[a]	60.0b
	ニーズ	5.0a	32.5a
	スカッシュ	32.5bc	65.0b
	ステッケル	40.0c	65.0b
	パンガードKS-20[b]	25.0bc	55.0b
	グラミン	20.0b	40.0a
	ネオエステリン	27.5bc	62.5b
トリフルミゾール30%水和剤 ×50,000	無加用	25.0b	37.5b
	ニーズ	5.0a	12.5a
	スカッシュ	12.5ab	42.5b
	ステッケル	15.0ab	40.0b
	パンガードKS-20[b]	17.5b	32.5b
	グラミン	20.0b	37.5b
	ネオエステリン	20.0b	37.5b
イミノクタジンアルベシル酸塩 40%水和剤×10,000	無加用	37.5cd	45.0b
	ニーズ	7.5a	25.0a
	スカッシュ	10.0ab	25.6a
	ステッケル	17.5ab	40.0b
	パンガードKS-20[b]	22.5bc	37.5b
	グラミン	40.0d	52.5b
	ネオエステリン	42.5d	50.0b

受性の低下が現場で大きな問題になっている．神奈川農技センター[46)]では6種の異なるタイプの展着剤を用いてキュウリうどんこ病に対する4種の殺菌剤への添加効果が検討された（表24）．供試薬剤として炭酸水素カリウム水溶剤（カリグリーン）800倍，トリフルミゾール（トリフミン水和剤），イミノクタジンアルベシル酸塩（ベルクート水和剤），ポリオキシン複合体（ポリオキシンAL水和剤）を慣行の10分の1として50,000倍，10,000倍，10,000倍で処理した結果，4種の殺菌剤すべてに対してカチオン系展着剤（ニーズ）がもっとも高い添加効果を示した．このほか，炭酸水素カリウム水溶剤ではアニオン配合系展着剤（グラミン），イミノクタジンアルベシル酸塩水和剤ではエステル型ノニオン系（スカッシュ）とパラフィン系固着剤（ステッケル），ポリオキシン複合体水和剤では同様にエステル型ノニオン系（スカッシュ）がやや高い添加効果を示し，農薬と展着剤の組合せによっては添加効果が異なることも分かった．

表24　キュウリうどんこ病に対する殺菌剤への各種展着剤の添加効果（続き）

薬剤および希釈倍率	展着剤	散布9日後 発病度	散布13日後 発病度
ポリオキシン複合体10%水和剤×10,000	無加用	47.5bc	85.0c
	ニーズ	10.0a	20.0a
	スカッシュ	40.0b	62.5b
	ステッケル	60.0c	82.5c
	パンガードKS-20[b)]	45.0bc	77.5bc
	グラミン	42.5bc	80.0bc
	ネオエステリン	52.5bc	85.0c
—	無加用	60.0c	95.0c
	ニーズ	20.0a	45.0a
	スカッシュ	32.5b	60.0b
	ステッケル	67.5c	92.5c
	パンガードKS-20[b)]	65.0c	92.5c
	グラミン	65.0c	90.0c
	ネオエステリン	65.0c	92.5c

ニーズ，スカッシュは1,000倍，ステッケル，バンガードKS-20は500倍，グラミン，ネオエステリンは10,000倍．

a）同一薬剤処理で，同一英小文字間には，t検定により5%水準で有意差がないことを示す．

b）パンガードKS-20：2008年8月登録失効．

試験場所：神奈川県農業技術センター．

供試展着剤：ニーズ（カチオン系），スカッシュ（油溶性エステル型ノニオン系），ステッケル（パラフィン系），グラミン（アニオン配合系）ネオエステリン（複成分ノニオン系），パンガードKS-20（エステル型ノニオン系）．

引用：折原紀子・植草秀敏（2009），植物防疫 63（4），228．

カチオン系，油溶性エステル型ノニオン系は単独でもうどんこ病に対する効果が認められることも添加効果の向上に起因していると考えられた．追試にて展着剤単独のうどんこ病に対する試験によって，水溶性エステル型ノニオン系（アプローチBI）も効果が確認されたが，パラフィン系やシリコーン系にはそのような効果を確認できなかった．

2）トリフルミゾール水和剤

神奈川農技センター[46)]では基礎試験の結果に基づいて露地トンネル栽培のメロンを用いて展着剤添加による散布間隔の延長効果が検討された（図42）．苗床からうどんこ病を発病させて甚発生条件下において，供試薬剤としてトリフルミゾール（トリフミン水和剤）5,000倍でカチオン系（ニーズ）と油溶性エ

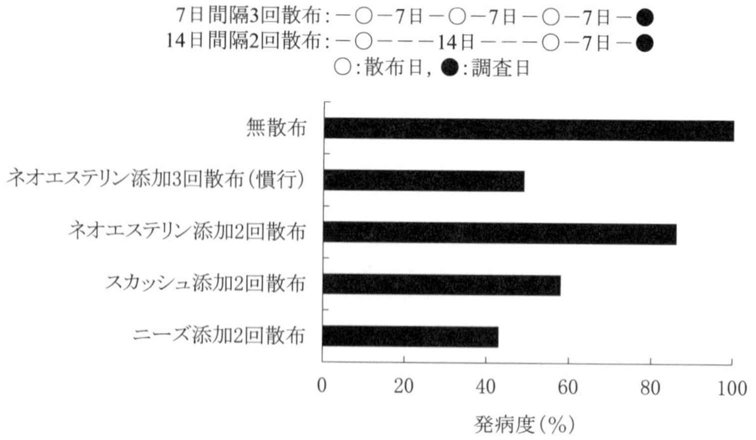

図 42　展着剤添加によるメロンうどんこ病防除での省力散布試験
試験場所：神奈川県農業技術センター.
供試殺菌剤：トリフルミゾール水和剤（トリフミン）5,000 倍.
供試展着剤：カチオン系（ニーズ）1,000 倍，油溶性エステル型ノニオン系（スカッシュ）1,000 倍，複成分ノニオン系（ネオエステリン）5,000 倍.
引用：折原紀子・植草秀敏（2009），植物防疫 63（4），228.

ステル型ノニオン系展着剤（スカッシュ）各 1,000 倍添加にて試験が行われた．その結果，2 倍に散布間隔を延長させたカチオン系展着剤添加で 2 回散布が慣行の 1 週間間隔で 3 回散布（一般展着剤添加：ネオエステリン）よりもやや優る防除効果が確認された．このことから，展着剤の選択による防除回数の低減が可能であると示唆された．なお，すでに説明済みであるが（図 7），鹿児島農試でのトリアジメホン（バイレトン水和剤），佐賀農試での TPN（ダコニール 1000）で，同様にカチオン系展着剤（ニーズ）を用いてウリ類うどんこ病防除における散布回数の低減化が確認されており，ウリ類うどんこ病防除においてカチオン系や油溶性エステル型ノニオン系展着剤の添加による効果安定化のみならず，散布回数の低減化に貢献できる技術であることが示唆された．

3）炭酸水素カリウム水溶剤

シリコーン系展着剤は米国では広く応用されていたが，まくぴかは日本で開発された初めてのシリコーン系である．三谷ら [58] は炭酸水素カリウム水溶剤（カリグリーン）へシリコーン系展着剤（まくぴか）を添加してキュウリうどんこ病に対する添加効果を検討し，散布水量を2分の1から4分の3まで減らしても高い防除効果を圃場試験で確認した．以上の結果からシリコーン系展着剤を添加することにより，散布水量の低減が実現でき，投下薬量と散布労力が削減できることが示唆された．

4) アスパラガスの褐斑病

水酸化第二銅水和剤（コサイド DF）は半促成長期どりアスパラガスの褐斑病などの斑点性病害防除に使用されるが，単独使用では薬害のリスクがある．現場ではそれを回避するために炭酸カルシウム水和剤（クレフノン）の添加が推奨されている．しかし，薬斑による汚れが生じるため，収穫期の使用には問題があった．そこで，薬斑による汚れや薬害を軽減するため，油溶性エステル型ノニオン系展着剤（スカッシュ）2,000 倍を水酸化第二銅水和剤へ添加し，添加効果が長崎農技センター[59]にてアスパラガスの品種ウェルカムを用いて検討された（表 25）．コサイド DF へのスカッシュ添加により，親茎及び若茎の汚れが完璧に改善された．さらにコサイド DF へのスカッシュ添加の連続散布において，立茎初期を含め3回目散布までは十分な汚れ軽減と薬害も認められなかった．しかし，4 回目散布後に疑葉の黄化・落葉の薬害が発生し，その程度は午前散布よりも午後散布でやや強い傾向であった．また主要な殺虫剤とコサイド DF へのスカッシュ添加においても 7～8 月にかけて 2 回散布で汚れ・薬害は認められなかった．以上のことから，スカッシュは水酸化第二銅水和剤による汚れを軽減する面で実用性があり，クレフノンを添加しない場合には薬害リスクの面から3回まで添加が可能であり，特に収穫期にスカッシュ添加が効果的であることが確認された．

5) イチゴの炭そ病

長崎農技センター[60]ではイチゴ品種さちのかの育苗期における重要病害虫防除体系を確立するに当たり，2 種の展着剤添加による炭そ病防除に及ぼす影響が検討された（表 26）．殺菌剤として有機銅水和剤（キノンドーフロアブル）500 倍とプロピネブ（アントラコール顆粒水和剤）500 倍を，展着剤としてパラフィン系固着剤（アビオン E）500 倍・1,000 倍とアニオン配合系展着剤（新グラミン：2009 年 3 月農薬登録失効）3,333 倍を用いて検討した結果，パラフィン系固着剤 500 倍が有機銅水和剤への添加で顕著な効果が認められ，プロピネ

表 25　半促成長期どりアスパラガスにおける水酸化第二銅水和剤と展着剤との混用による褐斑病の防除効果と薬害

a）2回散布後におけるアスパラガス親茎及び若茎の汚れと褐斑病に対する防除効果

No.	殺菌剤（希釈倍数）	副剤（希釈倍数）	親茎汚れ	若茎汚れ		褐斑病発病側枝率（%）
			1日後	1日後	4日後	6月18日
1	水酸化第二銅（1,000）	スカッシュ（2,000）	0.00	0.0	0.0	0.0
2	水酸化第二銅（1,000）	－	1.98	2.0	0.4	0.0
3	水酸化第二銅（1,000）	クレフノン（200）	2.00	2.0	1.8	0.0
4	無散布		0.00	0.0	0.0	6.7

注）汚れ指数 0：汚れを認めない．1：汚れがわずかに認められる．2：汚れが容易に認められる．数値は3反復の平均値．若茎の調査対象は5cm以上30cm以下．なお，25cm以上は，各調査時に収穫．

試験場所：長崎県農林技術開発センター．

供試品種：ウエルカム．

供試殺菌剤：水酸化第二銅水和剤（コサイドDF）

供試副剤：スカッシュ（油溶性エステル型ノニオン系展着剤），クレフノン（炭酸カルシウム）．

b）累計4回散布までの薬害発生の有無

No.	殺菌剤（希釈倍数）	副剤（希釈倍数）	散布時間	散布回数 1回目	2回目	3回目	4回目
1	水酸化第二銅（1,000）	スカッシュ（2,000）	午前	－	－	－	+
2	水酸化第二銅（1,000）		午前	－	－	－	－
3	水酸化第二銅（1,000）	クレフノン（200）	午前	－	－	－	－
4	水酸化第二銅（100）		午前	－	－	－	－
5	井戸水		午前	－	－	－	－
6	水酸化第二銅（1,000）	スカッシュ（2000）	午後	－	－	－	++
7	水酸化第二銅（1,000）		午後	－	－	－	－
8	水酸化第二銅（1,000）	クレフノン（200）	午後	－	－	－	－
9	水酸化第二銅（100）		午後	－	－	－	－
10	井戸水		午後	－	－	－	－
11	無散布			－	－	－	－

*+，++は累計第4回目散布9日後（8月15日）に観察．

+：擬葉の黄化と落葉，++：+と比較して擬葉の黄化程度がやや高く，併せて落葉あり．

引用：内川敬介・難波信行（2008），長崎農林技術センター報告書，半促成長期どりアスパラガスにおけるコサイドDFと展着剤スカッシュとの混用による褐斑病の防除効果と薬害．

ブ水和剤では単独で高い防除効果であったものの，アニオン配合系展着剤と同様に僅かに効果向上が認められた．本試験結果をもとに，さらに親株から定植前までの18回散布の防除体系にパラフィン系固着剤（アビオンE）500倍，シ

表26　イチゴ炭そ病防除に及ぼす展着剤の添加効果

区No.	供試薬剤・希釈倍数		単用の防除価を100とした場合の防除効果	
	殺菌剤（500倍希釈）	展着剤	発病小葉率	病斑数/小葉
1	有機銅35水和剤	アビオンE 500倍	122.1	105.4
2	有機銅35水和剤	アビオンE 1,000倍	112.6	102.8
3	有機銅35水和剤	新グラミン 3,333倍	104.6	100.1
4	有機銅35水和剤	−	(100)	(100)
5	プロピネブ水和剤	アビオンE 500倍	105.3	101.2
6	プロピネブ水和剤	アビオンE 1,000倍	99.7	100.5
7	プロピネブ水和剤	新グラミン 3,333倍	104.8	101
8	プロピネブ水和剤	−	(100)	(100)

試験場所：長崎県農林技術開発センター.
供試品種：さちのか.
供試殺菌剤：有機銅35水和剤（キノンドーフロアブル），プロピネブ水和剤（アントラコール顆粒水和剤）.
供試展着剤：アビオンE（パラフィン系），新グラミン（アニオン配合系，2009年登録失効.
引用：吉田満明ら（2012），長崎農林技術センター報告書 3，81.

リコーン系展着剤（まくぴか）5,000倍を添加し，対照区としてアニオン配合系の一般展着剤（新グラミン）3,333倍添加と殺菌剤単独区を設けて累積廃棄株数を調べた結果，パラフィン系固着剤添加はもっとも廃棄株数を低く抑え，防除効果の向上が確認された.

6）ネギの病害虫防除体系

濡れにくい代表的な作物であるネギについて，さび病防除に及ぼすカチオン系展着剤（ニーズ）添加の影響が千葉農試と北海道中央農試でトリアジメホン5水和剤（バイレトン）を用いて検討された[3]（図43）．その結果，殺菌剤単独に比べて顕著な効果向上が確認された．2012年度に鳥取園試では白ネギに対する農薬による防除効果の安定化を図る目的で，病害虫防除体系における展着剤の添加効果及び付着特性について検討された．その結果，ネギアザミウマやシロイチモンジヨトウ等を対象とした殺虫剤散布では油溶性エステル型ノニオン系（スカッシュ）1,000倍の添加が優る結果であった．一方，さび病や黒斑病等を対象とした殺菌剤散布では供試したシリコーン系（まくぴか）3,000倍，カチオン系（ニーズ）1,000倍，エステル型ノニオン系（アプローチBI）2,000倍は同程度の添加効果が認められるものの，機能性展着剤の種類による相違は

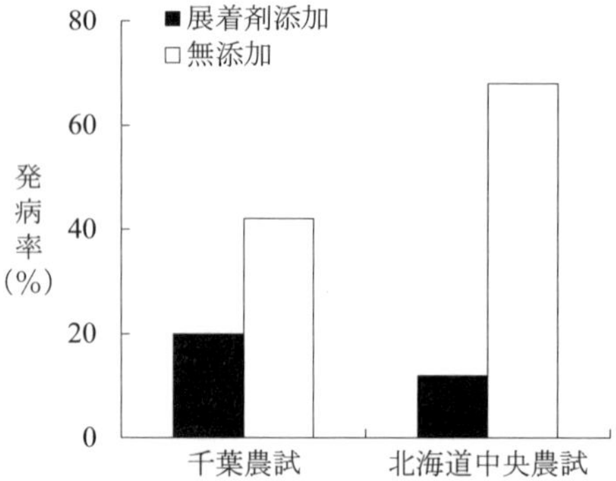

図 43　ネギさび病防除に及ぼす展着剤の添加効果
供試殺菌剤：トリアジメホン 5 水和剤（バイレトン）500 倍.
供試展着剤：カチオン系（ニーズ）1,000 倍.
試験年：1990 年日植防委託試験.

少ない傾向にあった.

3-4　野菜の虫害防除

1）イチゴのナミハダニ

イチゴで農薬散布を行う際には葉裏の濡れは薬剤によって異なり，特に水和剤では薬液が十分に濡れず，付着性が悪い状態にある．奈良農総センター[61]にてビフェナゼート水和剤（マイトコーネフロアブル）1,000 倍を用いてイチゴのナミハダニ黄緑型防除に及ぼす 3 種の展着剤各 1,000 倍の添加効果が検討された（図 44）．殺ダニ剤単独区で高い効果が見られる中，油溶性エステル型ノニオン系（スカッシュ）とカチオン系（ニーズ）添加は処理 3 日後で単独区よりも高い防除効果が認められ，即効性の向上が見られたものの，その後は単独区と大差はなく，残効性は低下したと考えられた．その中で水溶性エステル型ノニオン系（アプローチ BI）添加は防除効果が処理 3 日後から大幅に低下した．これらの差は展着剤添加による濡れ性の相違によるものと推察された．

2）アスパラガスのネギアザミウマ

アスパラガスの立茎は細い針状の茎葉が樹冠状に密生しており，農薬は樹冠部分の表層にのみ付着し，形態的な特徴から内部に薬液が到達しにくい状態に

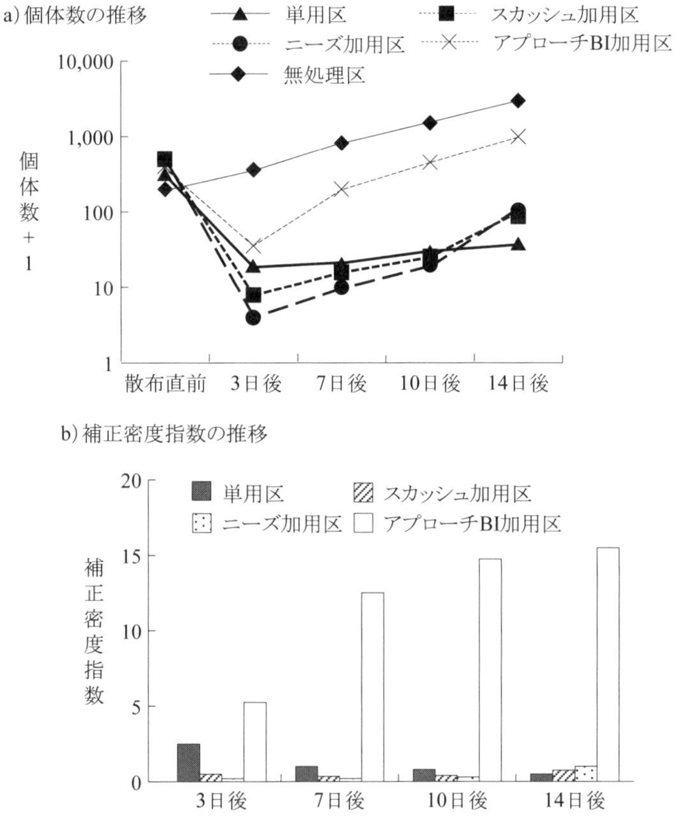

図 44　施設イチゴのナミハダニ黄緑型に対するビフェナゼート水和剤の防除効果に及ぼす 3 種の展着剤加用の影響

処理日 : 2006 年 4 月 21 日．ビフェナゼート水和剤 1,000 倍及び展着剤（各 1,000 倍）を加用したものを電動式噴霧器で散布．供試品種と処理ステージ，散布水量は以下の通り．品種 : アスカルビー．収穫期，散布水量 : 300L/10a．各区 22 株×3 反復，マークした 10 葉の雌成虫数．

試験場所 : 奈良県農業総合センター．

供試展着剤 : スカッシュ（油溶性エステル型ノニオン系），ニーズ（カチオン系），アプローチ BI（エステル型ノニオン系）．

引用 : 井村岳男（2009），植物防疫 63（4），222．

ある．そのため，立茎でネギアザミウマが多発すると，その防除には何回もの農薬散布が必要になる．奈良農総センター[61]でスピノサド水和剤（スピノエー

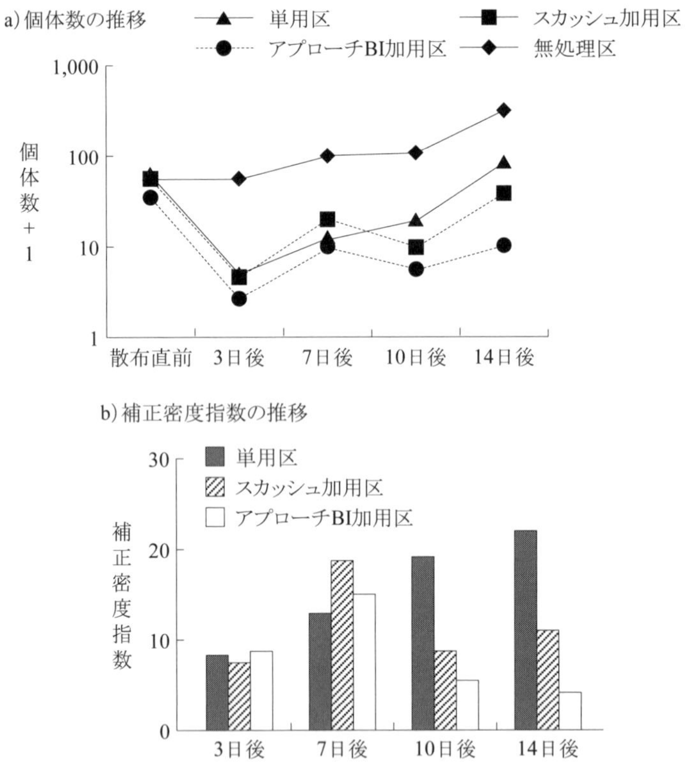

図 45　施設アスパラガスのネギアザミウマに対するスピノサド水和剤の防除効果に及ぼす 2 種の展着剤加用の影響

処理日：2006 年 6 月 6 日．スピノサド水和剤 5,000 倍及び展着剤（各 1,000 倍）を加用したものを電動式噴霧器で散布．供試品種と処理ステージ，散布水量は以下の通り．品種：ウエルカム 5 年生．収穫期，散布水量：300L/10a．各区 3 箇所で立茎払い落とした落下虫数．

試験場所：奈良県農業総合センター．

供試展着剤：スカッシュ（油溶性エステル型ノニオン系），アプローチ BI（エステル型ノニオン系）．

引用：井村岳男（2009），植物防疫 63（4），222.

ス顆粒水和剤）5,000 倍を用いてアスパラガスのネギアザミウマ防除に及ぼす 2 種の展着剤（アプローチ BI，スカッシュ）各 1,000 倍の添加効果が検討された（図 45）．その結果，補正密度指数は散布 3 日後では単独区と展着剤添加区で有意な差は認められなかったものの，10 日後以降は展着剤添加区は明らかに低くなった．このことから，2 種の展着剤の添加により即効性は向上しないものの，残効性は向上するものと考えられた．これらの効果は展着剤添加による濡れ性の違いに起因し，添加区は樹冠部分の表層のみならず，内部にも薬液が到達して濡れる現象を観察することができた．

3）キュウリのアザミウマ類

濡れ性の良好なキュウリを用いてエマメクチン安息香酸塩乳剤(アファーム)2,000 倍のアザミウマ類（ネギアザミウマ・ミナミキイロアザミウマ混在）防除に及ぼす 3 種の展着剤（アプローチ BI，ニーズ，スカッシュ）各 1,000 倍添加が奈良農総センター[61] で検討された（図 46）．殺虫剤単独区では散布 3 日と 7 日後で補正密度指数は低く，即効性が高かったものの，15 日後は大幅に密度が回復し，残効性は低い結果であった．それに対して 2 種の展着剤（アプローチ BI，ニーズ）は単独区とほぼ同じ発生経過であった．しかし，スカッシュ添加では散布 3 日後の即効性は単独区よりも低い傾向であったものの，15 日後の補正密度指数は単独区よりもかなり低く，残効性が向上すると考察された．

4）サトイモのハダニ類

サトイモの葉では雨水が球状になることが観察されており，サトイモはとても撥水性が高い作物であるので，農薬散布時に展着剤の添加が推奨されている．露地サトイモのカンザワハダニを対象としてクロルフェナピル水和剤（コテツフロアブル）2,000 倍を用いて展着剤の添加効果が奈良農総センター[61] にて検討された（図 47）．3 種の展着剤（アプローチ BI，スカッシュ，ニーズ）添加区はいずれも散布 4〜7 日後には単独区よりも補正密度指数が低くなる傾向があり，軽微ではあるが防除効果の向上が確認された．しかし，散布 10 日後以降には単独区とさほど差がなく，残効性は展着剤添加によってむしろ低下すると考察された．また感受性が低下しているナミハダニに対してはクロルフェナピル水和剤へ展着剤を添加しても実用的な効果は得られなかった．さらにデブフェンピラド乳剤（ピラニカ EW）を用いてカンザワハダニ防除に及ぼす 3 種類の展着剤の添加効果が検討されたが，殺虫剤単独区で十分な効果を示し，展着剤添加の効果は認められなかった．逆にカチオン系展着剤（ニーズ）添加はむしろ効果が低下した．薬剤散布時の界面現象として，展着剤添加によりサトイモに対する濡れ性の向上として均一な濡れが展着剤添加によって観察された．

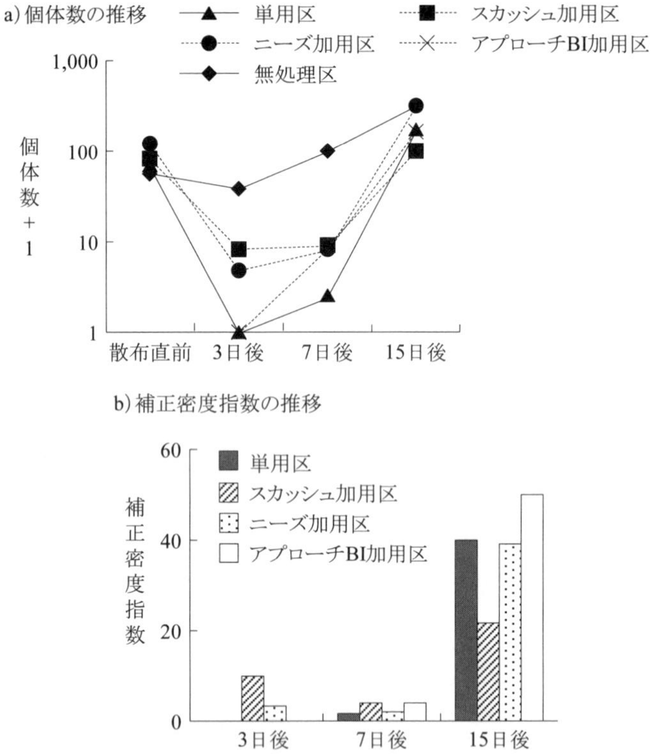

図 46　施設キュウリのアザミウマ類に対するエマメクチン安息香酸塩乳剤の防除効果に及ぼす3種の展着剤加用の影響

処理日：2003年9月5日．エマメクチン安息香酸塩乳剤2,000倍及び展着剤（各1,000倍）を加用したものを電動式噴霧器で散布．供試品種と処理ステージ，散布水量は以下の通り．品種：夏すずみ．12〜13葉期，散布水量：150L/10a．各区5株×3反復．株当たり3葉（上・中・下）の成幼虫数．

試験場所：奈良県農業総合センター．

供試展着剤：スカッシュ（油溶性エステル型ノニオン系），ニーズ（カチオン系），アプローチBI（エステル型ノニオン系）．

引用：井村岳男（2009），植物防疫 63（4），222．

5）ハモグリバエ類

各種のハモグリバエ類は全国のトマト，ナス，コマツナなどの野菜栽培で幼虫が葉を食害して不規則に白い食害跡を残すことから大きな問題になっている．

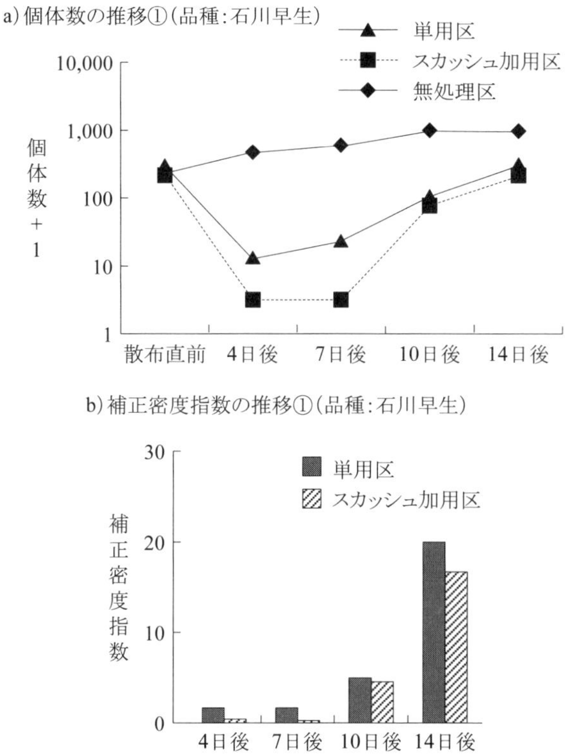

図 47　サトイモのカンザワハダニに対するクロルフェナピル水和剤の防除効果に及ぼす展着剤加用の影響
処理日：2005 年 7 月 15 日．クロルフェナピル水和剤 2,000 倍及び展着剤（各 1,000 倍）を加用したものを電動式噴霧器で散布．供試品種と処理ステージ，散布水量は以下の通り．①品種：石川早生．6～7 葉期，散布水量 300L/10a．②品種：唐の芋．9～10 葉期，500L/10a．各区 8 株×3 反復．マークした 5 葉の雌成虫数．
試験場所：奈良県農業総合センター．
供試展着剤：アプローチ BI（エステル型ノニオン系），スカッシュ（油溶性エステル型ノニオン系），ニーズ（カチオン系）．
引用：井村岳男（2009），植物防疫 63（4），222．

青森農林総研[62]にて野菜のハモグリバエ類防除剤に及ぼす展着剤の効果が検討された．まずホウレンソウのアシグロハモグリバエ幼虫に対するフルフェノ

a) 個体数の推移②(品種:唐の芋)

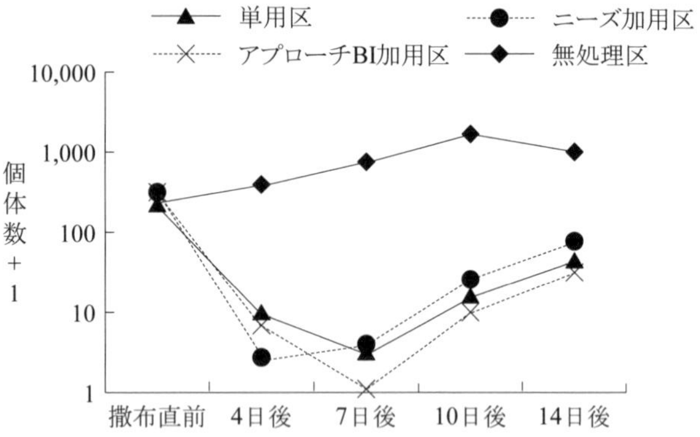

b) 補正密度指数の推移②(品種:唐の芋)

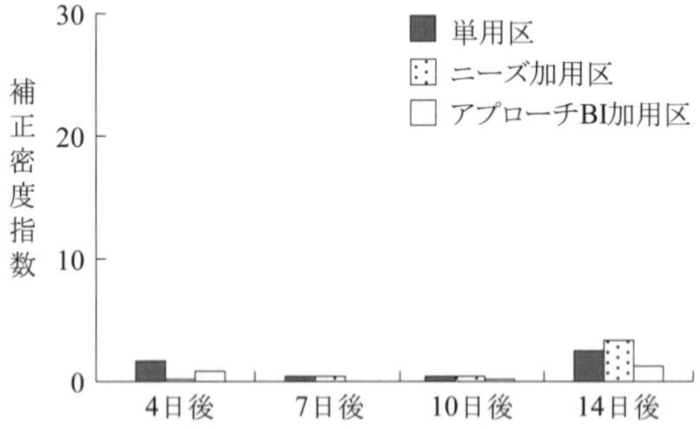

図 47　サトイモのカンザワハダニに対するクロルフェナピル水和剤の防除効果に及ぼす展着剤加用の影響（続き）

クスロン乳剤（カスケード乳剤）4,000倍に対し，3種の展着剤を添加（油溶性エステル型ノニオン系，カチオン系，エステル型ノニオン系）した結果，殺虫剤単独区に比べて3種の展着剤添加区はすべて0%の羽化率で高い効果を示した（表 27）．次にサヤエンドウのナモグリバエ幼虫に対するトルフェンピラド水和剤（ハチハチフロアブル）1,000倍に対し，4種の展着剤（油溶性エステル型ノニオン系，カチオン系，エステル型ノニオン系，アニオン配合系）を添加した結果，アニオン配合系展着剤（一般展着剤）に比べて油溶性エステル型ノニオン系（スカッシュ）がもっとも高い添加効果を示した（表 28）．同じ対象に対してカルタップ水溶剤（パダン SG）1,500倍を用いて5種の展着剤（油溶

表 27　ホウレンソウのアシグロハモグリバエ幼虫に対するフルフェノクスロン乳剤への各種展着剤の添加効果

試験区		調査幼虫数		補正	蛹化率	羽化率	羽化率	薬害
供試薬剤	供試展着剤	生存虫数	死亡虫数	死虫率(%)			(%)	
フルフェノクスロン乳剤 4,000 倍	スカッシュ 2,000 倍	8	94	92.1	4	0	0	なし
	ニーズ 2,000 倍	4	92	95.7	11	0	0	なし
	アプローチ BI 2,000 倍	14	99	87.4	10	0	0	なし
	無添加	56	68	54.2	38	1	2.6	なし
無処理		79	1	0	127	78	61.4	

（注）品種：ブライトン，播種：7 月 14 日，ハウス内プランター栽培，害虫発生状況：多発生，薬剤散布：9 月 10 日（十分量），調査：9 月 18 日.
補正死虫率＝（無処理区の生存率－処理区の生存率）÷無処理区の生存率×100.
試験場所：青森県農林総合研究センター畑作園芸試験場（2008 年）.
供試殺虫剤：フルフェノクスロン乳剤（カスケード乳剤）.
供試展着剤：スカッシュ（油溶性エステル型ノニオン系），ニーズ（カチオン系），アプローチ BI（エステル型ノニオン系）.
引用：木村勇司（2011），青森農林総合研究所試験成績概要集，野菜ハモグリバエ類を効果的に防除するための機能性展着剤の使い方.

表 28　サヤエンドウのナモグリバエ幼虫に対するトルフェンピラド水和剤への各種展着剤の添加効果

試験区		寄生蛹数/10 株		薬害
供試薬剤	供試展着剤	8 日後（7/14）	15 日後（7/21）	
トルフェンピラド水和剤 1,000 倍	スカッシュ 2,000 倍	1.5 (2)	10.0 (10)	なし
	ニーズ 2,000 倍	13.2 (19)	24.0 (25)	なし
	アプローチ BI 2,000 倍	13.6 (20)	25.5 (26)	なし
	グラミン S 10,000 倍	12.9 (19)	28.5 (29)	なし
無処理		68.3 (100)	98.0 (100)	

（注）品種：松島三十日絹莢，播種：5 月 29 日，露地栽培，害虫発生状況：多発生，薬剤散布：7 月 6 日（200L/10a），調査：7 月 14 日，21 日.
表中（　）内は無処理虫数を 100 とした密度指数.
試験場所：青森県農林総合研究センター畑作園芸試験場（2009 年）.
供試殺虫剤：トルフェンピラド水和剤（ハチハチフロアブル）.
供試展着剤：スカッシュ（油溶性エステル型ノニオン系），ニーズ（カチオン系），アプローチ BI（エステル型ノニオン系），グラミン S（アニオン配合系）.
引用：木村勇司（2011），青森農林総合研究所試験成績概要集，野菜ハモグリバエ類を効果的に防除するための機能性展着剤の使い方.

表 29　サヤエンドウのナモグリバエ幼虫に対するカルタップ水溶剤への各種展着剤の添加効果

試験区		調査幼虫数		補正死虫率	薬害
供試薬剤	供試展着剤	生存虫数	死亡虫数	(%)	
カルタップ水溶剤 1,500倍	スカッシュ 2,000倍	40.0	16.1	19.2	なし
	ニーズ 2,000倍	37.3	17.0	22.2	なし
	アプローチ BI 2,000倍	17.1	32.2	60.8	なし
	まくぴか 3,000倍	26.0	12.4	23.3	なし
	ネオエステリン 5,000倍	49.5	7.3	1.2	なし
	単用	57.1	7.5	0	なし
無処理		58.2	7.7	0	

（注）品種：松島三十日絹莢，播種：8月31日，室内ポット試験，害虫発生状況：多発生（放虫），薬剤散布：9月29日（十分量），調査：10月7〜8日．
補正死虫率=(無処理区の生存率-処理区の生存率)÷無処理区の生存率×100.
試験場所：青森県農林総合研究センター畑作園芸試験場（2010年）.
供試殺虫剤：カルタップ水溶剤（パダンSG水溶剤）.
供試展着剤：スカッシュ（油溶性エステル型ノニオン系），ニーズ（カチオン系），アプローチBI（エステル型ノニオン系），まくぴか（シリコーン系），ネオエステリン（複成分ノニオン系）.
引用：木村勇司（2011），青森農林総合研究所試験成績概要集，野菜ハモグリバエ類を効果的に防除するための機能性展着剤の使い方.

性エステル型ノニオン系，カチオン系，エステル型ノニオン系，シリコーン系，複成分ノニオン系）を添加した結果，複成分ノニオン系展着剤（一般展着剤）に比べてエステル型ノニオン系（アプローチBI）がもっとも高い添加効果を示した（表 29）．カブのナモグリバエ幼虫に対するトルフェンピラド乳剤（ハチハチ乳剤）2,000倍とスピノサド水和剤（スピノエース顆粒水和剤）5,000倍に対し，4 種の展着剤（油溶性エステル型ノニオン系，カチオン系，エステル型ノニオン系，アニオン配合系）を添加した結果，アニオン配合（一般展着剤）に比べて油溶性エステル型ノニオン系（スカッシュ）がもっとも高い添加効果を示した（表 30）．

第1章にてすでに紹介済みであるが，奈良農総センター[12]でトマトハモグリバエに対する8種の殺虫剤への展着剤の添加効果が室内試験で少水量散布にて検討された（図 6）．その結果，剤型別のまとめとして水和剤への添加によって効果向上，液剤や乳剤では同等かまたは低下する傾向が観察された．しかし，MEP，フルフェノクスロンとルフェヌロンは乳剤であるにもかかわらず，機能

表30　カブのナモグリバエ幼虫に対する殺虫剤への各種展着剤の添加効果

試験区		散布12日後（7/4）	薬害
供試薬剤	供試展着剤	寄生虫数	
トルフェンピラド乳剤 2,000倍	スカッシュ 2,000倍	0.3 (4)	なし
	ニーズ 2,000倍	1.7 (19)	なし
	アプローチBI　2,000倍	2.0 (22)	なし
	グラミンS 10,000倍	4.0 (44)	なし
無処理		9.0 (100)	
スピノサド水和剤 5,000倍	スカッシュ 2,000倍	0.3 (4)	なし
	ニーズ 2,000倍	1.0 (11)	なし
	アプローチBI 2,000倍	2.0 (22)	なし
	グラミンS 10,000倍	3.3 (37)	なし
無処理		9.0 (100)	

（注）品種：玉里，播種：5月19日，露地栽培，害虫発生状況：少発生，薬剤散布：6月22日（200L/10a），調査：7月4日.
表中（　）内は無処理虫数を100とした密度指数.
試験場所：青森農林総合研究センター畑作園芸試験場（2010年）.
供試殺虫剤：トルフェンピラド乳剤（ハチハチ乳剤），スピノサド水和剤（スピノエース顆粒水和剤）.
供試展着剤：スカッシュ（油溶性エステル型ノニオン系），ニーズ（カチオン系），アプローチBI（エステル型ノニオン系），グラミンS（アニオン配合系）.
引用：木村勇司（2011），青森農林総合研究所試験成績概要集，野菜ハモグリバエ類を効果的に防除するための機能性展着剤の使い方.

性展着剤添加によって顕著に向上した．このことから，ベンゾイルウレア系IGR剤に対するアジュバント活性は湿展性以外の要因が影響していると考察された．また大分農研センター[63]ではネギハモグリバエ防除に及ぼす7種の展着剤の影響が検討され，薬害は全く観察されておらず，殺虫剤単独区に比べて展着剤添加の効果が認められ，特にエーテル型ノニオン系（ミックスパワー）とシリコーン系展着剤（まくぴか）添加が発生初期で効果的であることを確認した（表

表 31　中津個体群ネギハモグリバエ幼虫に対する各種殺虫剤と展着剤の組合せによる殺虫効果[a)]

供試殺虫剤（処理濃度）	展着剤	処理濃度	無処理区死亡率（%）	供試個体数[b)]	補正死亡率（%）[c)]
シペルメトリン乳剤（2,000倍）	アプローチBI	1,000倍	6.7	267	66.4
	スカッシュ	1,000倍	9.2	343	60.2
	ニーズ	1,000倍	5.6	391	60.8
	ミックスパワー	3,000倍	11.6	228	78.7
	クミテン	3,300倍	11.1	409	50.3
	グラミンS	3,000倍	10.6	255	54.7
	まくぴか	3,000倍	5.8	219	95.6
	無添加	−	4.9	192	37.7
クロチアニジン水溶剤（1,000倍）	アプローチBI	1,000倍	8.1	202	79.0
	スカッシュ	1,000倍	6.7	236	92.3
	ニーズ	1,000倍	11.6	245	94.6
	ミックスパワー	3,000倍	5.1	206	95.6
	クミテン	3,300倍	8.2	229	64.0
	グラミンS	3,000倍	9.1	232	68.5
	まくぴか	3,000倍	11.1	186	99.6
	無添加	−	5.0	220	35.7
エマメクチン安息香酸塩乳剤（1,000倍）	アプローチBI	1,000倍	6.3	241	75.0
	スカッシュ	1,000倍	6.6	277	55.4
	ニーズ	1,000倍	12.8	168	80.3
	ミックスパワー	3,000倍	6.9	223	80.4
	クミテン	3,300倍	12.9	174	33.4
	グラミンS	3,000倍	5.6	266	52.3
	まくぴか	3,000倍	10.4	131	89.6
	無添加	−	10.0	221	42.5

a）試験は各殺虫剤とも3反復行った.
b）供試個体数は卵数と幼虫数の合計数.
c）補正死亡率は無処理区を対照区としてAbbott（1925）の方法により算出した，数値は3反復の平均値.
試験場所：大分県農林水産研究センター安全農業研究所.
供試殺虫剤：シペルメトリン乳剤（アグロスリン乳剤），クロチアニジン水溶剤（ダントツ水溶剤），エマメクチン安息香酸塩乳剤（アファーム乳剤）.
供試展着剤：アプローチBI（エステル型ノニオン系），スカッシュ（油溶性エステル型ノニオン系），ニーズ（カチオン系），ミックスパワー（エーテル型ノニオン系），クミテン（アニオン配合系），グラミンS（アニオン配合系），まくぴか（シリコーン系）.
引用：武政彰・繁田ゆかり（2009），九州病害虫研究会報 55，146.

31）．以上のことから，殺虫剤/対象害虫/展着剤の相性の整理はこれからの課題ではあるものの，各種の殺虫剤へ機能性展着剤添加によってハモグリバエ類を効果的に防除して高品質の野菜生産に大いに貢献できるものと期待される．

6）シルバーリーフコナジラミ

シルバーリーフコナジラミは施設トマトをはじめナスやキュウリ等において発生して果実がまだらになるなど着色異常果を引き起こし，この原因によるすす病やトマト黄化葉巻病も多発し，現場では大きな問題となっている．香川農試病害虫防除所[64]ではシルバーリーフコナジラミ対策に重要なピラゾール系薬剤や脱皮阻害剤に対する感受性検定と併せて，複数の展着剤の添加効果が検討された（図 48）．その結果，効果の低かった脱皮阻害剤のテフルベンズロン（ノーモルト乳剤）は複数の展着剤（カチオン系，水溶性エステル型ノニオン系，油溶性エステル型ノニオン系）の添加によって補正死亡率の向上が認められ，特に油溶性エステル型ノニオン系展着剤（スカッシュ）が高い効果を示し

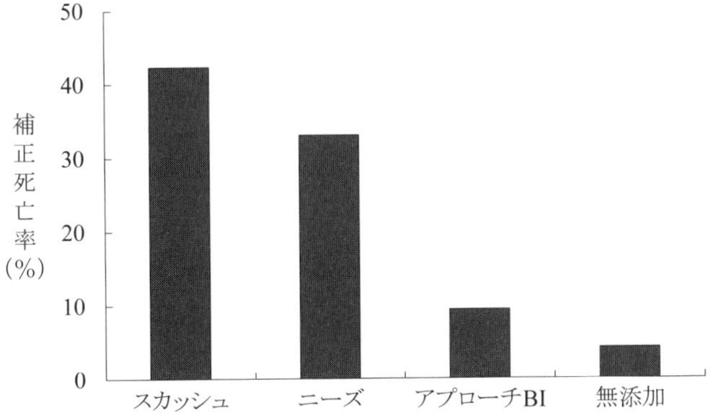

図 48　シルバーリーフコナジラミ防除に及ぼす各種展着剤の添加効果
試験場所：香川県農業試験場病害虫防除所.
供試殺菌剤：テフルベンズロン（ノーモルト乳剤）2,000 倍.
供試展着剤：油溶性エステル型ノニオン系（スカッシュ），カチオン系（ニーズ），エステル型ノニオン系（アプローチ BI）各 1,000 倍.
試験方法：ミニトマト葉を用いて 48 時間産卵させた後に腰高シャーレにて 2 週間程度飼育して 80%程度が 4 齢幼虫になったところで供試し，処理液にトマト葉を 10 秒間浸漬処理した．調査は羽化が終了後した時点で羽化虫と残存虫を数えた.
引用：渡邊丈夫ら（2006），四国植物防除研究協議会第 51 回講演要旨，p.55.

た．さらにテブフェンピラド（ピラニカ乳剤）が防除薬剤として有望であり，油溶性エステル型ノニオン系展着剤の添加が有効であると考察された．香川農試では4齢幼虫に対する追加試験としてブプロフェジン（アプロード水和剤）2,000倍への展着剤添加試験でカチオン配合系（ニーズ，ブラボー）とシリコーン系（まくぴか），フルフェノクスロン（カスケード乳剤）2,000倍への添加試験ではカチオン系（ブラボー）と併せて油溶性エステル型ノニオン系（スカッシュ）が殺虫剤の活性を高めることが確認された．青森農林総研センターや奈良農総センターでの試験結果と同様に殺虫剤と展着剤の間に相性のあることが再確認されたが，その試験成績（エビデンス）の蓄積及び相性の整理はこれからの課題である．

上手な選び方・使い方のポイント　応用編（2）

Q3：水和剤等の散布により，例えばナス・キュウリ・ピーマン等の果菜類は農薬汚れが目立ちますが，その対策にどの展着剤は効果がありますか？
A3.すべての展着剤が効果的ではなく，表面張力が30mN/m以下の展着剤が良い効果を示します．具体的には良好な濡れ性，速い乾きと共に低い植物毒性の観点から，ソルビタン脂肪酸エステルを有効成分とする油溶性エステル型ノニオン系，カチオン系やシリコーン系を推奨します（表25参照）．

Q4：コムギ雪腐病防除で展着剤の添加効果は期待できますか？
A4.本病は複数の病原菌が原因して発病するものであり，適切な殺菌剤の選定と適期での散布が最重要になります．過去の道内での試験結果から単に初期付着量を高めるパラフィン系固着剤よりも均一な付着性をもたらすエスエル型ノニオンやカチオン系が良好な添加効果を示しています（図2参照）．

Q5：うどんこ病防除で問題のあるイチゴ，ウリ類に対して展着剤の添加効果は期待できますか？

A5 : 一部の界面活性剤にはうどんこ病や灰色かび病等を物理的に阻害する基礎作用が一般的にあります．カチオンや油溶性ノニオンを有効成分とする機能性展着剤を特に推奨します．殺菌剤としては浸透性のある EBI 剤（エルゴステロール生合成阻害剤）や TPN 等との組合せで，より顕著な効果が期待できます（表 24，図 42 参照）.

Q6 : アブラムシやダニ等の害虫防除において展着剤の添加効果は期待できますか？

A6 : 界面活性剤の代表である合成洗剤は気門を塞ぐ作用によりゴキブリ等の衛生害虫の駆除に効果が確認されています．この物理的な機能を有することから，所謂アジュバントと称される機能性展着剤を使用すると，小さな害虫防除に際して添加効果が期待されます．特に殺虫剤が有機リン剤や低分子量の場合で濡れ性の悪い作物でより顕著な添加効果が期待できます（図 44～48，表 27～30 参照）.

3-5　除草剤での適用

アジュバント市場でもっとも大きな米国では対象となるのは除草剤が中心であり，畑作向け用途で広く普及している．一方で水稲用除草剤が中心である日本では，一般的に展着剤添加は推奨されていない．例外的にシハロホップブチル乳剤（クリンチャーEW）は展着剤（ノニオン系，アニオン配合系共に可能）添加が推奨されている．それを裏付ける基礎試験が近藤ら [65] によって実施された．すなわち，1 種の展着剤及び 6 種の界面活性剤を用いて 30%シハロホップブチル乳剤に及ぼす影響が検討され，除草剤単独に対して供試した 7 種すべてに添加効果が認められ，特にエーテル型ノニオン系が高い効果を示した．その添加効果は効果向上のみならず，耐雨性向上も観察された．ここでは適用農薬が除草剤に限定されている展着剤であるエーテル型ノニオン系のサーファクタント WK，クサリノー，レナテンなどについて，これらの特性も踏まえて適用事例を紹介する.

1）果樹園

カンキツ類では 2～3 月の春草除草により大切な施肥養分が雑草に奪われることを防ぎ，地温が高まって開花が 2～3 日以上早まり，さらに果実の着色も早まり品質の向上が期待できる．温州ミカンや中晩柑にも適用できるターバシル・DCMU 水和剤（ゾーバー）やターバシル水和剤（シンバー）などが一般に使用され，その際にエーテル型ノニオン系展着剤（サーファクタント WK 又はサーファクタント 30）が添加されて除草効果を安定化させている．なお，ターバシル水和剤は梅雨時の夏草対策にも有効であり，本来は土壌処理剤であるが，同様にエーテル型ノニオン系展着剤添加により安定した効果を発現すると共に茎葉処理でも葉面からの薬剤取り込みを向上させることにより薬効が期待できる.

2）テンサイ

除草剤用展着剤でもっとも活用されている場面は北海道におけるテンサイである. 従来は移植栽培において広葉雑草を対象としてレナシル・PAC 水和剤（レナパック）にエーテル型ノニオン系展着剤（レナテン，サーファクタント WK）の添加が道内の製糖会社から推奨されている．但し，砂土系で透水性の良い畑では薬害を生じるので使用しないように注意されている．その他にフェンメディファム乳剤（ベタナール）やデスメディファム・フェンメディファム・メトラクロール乳剤（ベタダイヤ A）も使用されているが，特に展着剤添加は推奨されていない．しかし，メタミトロン水和剤（ハーブラック）の使用に際してはレナシル・PAC 水和剤と同様にノニオン系展着剤の添加が推奨されている. テンサイ直播栽培の除草剤使用体系下における中耕による除草効果が北海道農試[66]で検討された．すなわち，フェンメディファム乳剤とレナシル・PAC 水和剤の半量ずつ混用する 2 回処理体系において検討された結果，1 回目の除草剤処理の効果が大きい場合は，中耕除草の必要性は認められず，1 回目の除草剤処理効果が不十分な場合は，中耕による除草効果が大きいことが認められた. この試験においてもエーテル型ノニオン系展着剤が添加されて安定した効果を発現し，省力化技術として確立され，道内のテンサイ直播栽培面積は 2012 年で 13%まで拡大している.

3) ゴルフ場

芝生の除草作業においてスズメノカタビラ防除は重要な課題である．すでに第1章にて説明済みであるが，除草剤としてオキサジアルギル水和剤（フェナックスフロアブル）を用いてエーテル型ノニオン系展着剤（サーファクタントWK）2,000倍を添加してポット栽培のスズメノカタビラ（1～2葉期及び3～4葉期）に対して検討された[1,67]（表1）．その結果，展着剤添加によって1～2葉期の雑草に殺草効果の向上が確認され，特に3～4葉期の雑草の場合に顕著な向上が確認された．オキサジアルギルは雑草の発生前から発生初期に処理する土壌処理型除草剤であるが，エーテル型ノニオン系展着剤を添加することにより，葉面からの薬剤取り込みを高めて茎葉処理剤としての効果が発現したものと考えられた．芝生の雑草管理では春秋の2回散布での除草が中心であり，接触型除草剤であるリムスルフロン（ハーレイDF）やアシュラム（アージラン液剤）にエーテル型ノニオン系展着剤（サーファクタントWK又は同30）1,000～2,000倍添加により，処理適期幅を広げると共にスズメノカタビラやナデシコ等の雑草管理に良好な効果を示している．またトリクロピル（ザイトロンアミン液剤）やMCPP液剤にも同様にエーテル型ノニオン系展着剤が添加されてスギナやクローバー等の雑草管理にも広く使用されている．

ゴルフ場や競技場などで問題になっている株化したペレニアルライグラスを防除する目的でスルホニルウレア系除草剤であるヨードスルフロンメチルナトリウム塩が中村ら[8]によって検討された（図49）．その結果，ヨードスルフロンメチルナトリウム塩は各種の寒冷地型芝生の中でも，ペレニアルライグラスに対して高い除草効果を示したものの，株化したペレニアルライグラスに対しては，処理38～79日後の再生個体が目立ち，安定した除草効果を示さなかった．しかし，エーテル型ノニオン系展着剤（ポリオキシエチレンドデシルエーテル78%）1,000倍添加した場合，0.01g/m^2処理でも安定した除草効果を示すことが確認された．

4) 非農耕地

非農耕地で主に使用されているカチオン系非選択性除草剤（パラコート，ジクワット）はノニオン系展着剤の添加が推奨されている．間違ってアニオンやカチオンのイオン系展着剤を添加すると，散布液に沈殿を生じたり，効果の低

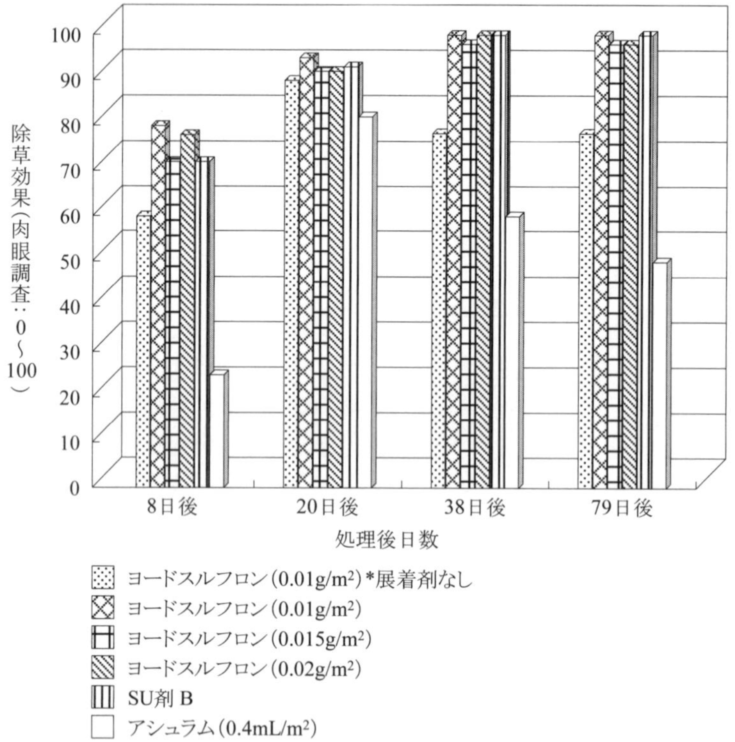

肉眼による評価：0（除草効果なし）～100（完全枯死）
供試展着剤：エーテル型ノニオン系（ポリオキシエチレンドデシルエーテル 78%）1,000倍

図 49　各種除草剤の株化したペレニアルライグラスに対する除草効果の比較
引用：中村新ら（2009），芝草研究 38（1），p.50.

減を招く恐れがある．またスルホニルウレア系の除草剤であるメトスルフロン水和剤（サーベル DF）などにもノニオン系展着剤が添加されて安定した効果を発現している．公園・庭園・駐車場・法面・鉄道などでの樹木管理に広く使用されている DCMU 水和剤（カーメックス D）は土壌処理剤であるが，エーテル型ノニオン系展着剤（サーファクタント WK 又は同 30）添加により土壌処理剤の効果安定と共に茎葉処理剤としての効果も発現することが知られており，実用化されている．

3-6　生物農薬での適用

生物農薬である天敵や微生物農薬は総合的病害虫防除・雑草管理（IPM）において重要な役割を担い，特に微生物農薬は水で希釈して使用する剤型（水和剤）も多くあり，展着剤添加の可否が明記してある事例が見られる．一部のBT（昆虫病原性細菌，バチルス・チューリンゲンシス）剤には展着剤の添加が推奨されており，基本的に展着剤の添加は問題ないが，BT剤以外の微生物農薬は混用可否が明確に提示されている．ある種の展着剤を推奨したり，混用不可の場合もあるので十分な注意が必要になる．

1）微生物農薬

バチルス・ズブチリス水和剤は各社から異なる製品が上梓され，混用可否が展着剤によって異なる．ボトキラー水和剤は製剤助剤であるキャリアの鉱物による汚れ軽減と効果安定のために，カチオン系（ニーズ），エステル型ノニオン系（スカッシュ），アニオン配合系（ダイコート）の添加を推奨している．同様にインプレッション水和剤も汚れ軽減のために，スカッシュ，ニーズ，その他にシリコーン系（まくぴか，ブレイクスルー）も推奨している．一方，アグロケア水和剤は展着剤の混用可否を提示し，多数の展着剤が混用可能であるものの，混用不可の展着剤として1種のみ（カチオン系：ニーズ）を挙げている．イチゴのアザミウマ防除においてボーベリア・バシアーナ乳剤（ボタニガードES）は殺菌剤との混用時にクミテン，新グラミン，新リノー，スカッシュの添加を推奨している．

タラロイマイセス・フラバス水和剤（バイオトラスト）は混用可能な展着剤として一般展着剤をはじめとして機能性展着剤（アプローチBI，スカッシュ）を挙げ，混用不可としてニーズ，ダイコート，アグラーをリストアップしており，微生物農薬を使用する際には事前に製品情報を見て展着剤添加の可否と推奨製品を確認する必要がある．

2）天敵への影響

天敵に関してはタイリクヒメハナカメムシ剤（タイリク）やミヤコカブリダニ剤（スパイカル）等のように展着剤の添加についての記載はないものの，スワルスキーカブリダニ剤（スワルスキー）では機能性展着剤の添加をさけるよ

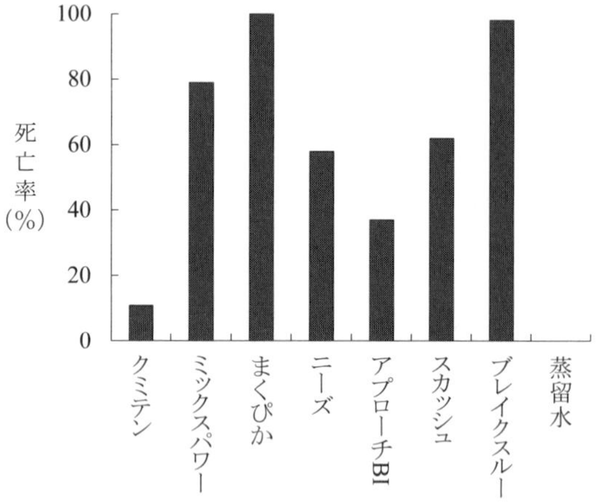

図50　スワルスキーカブリダニに及ぼす各種展着剤の影響
試験場所：宮城県農業園芸総合研究所.
供試展着剤：アニオン配合系（クミテン），エーテル型ノニオン系（ミックスパワー）1,000倍，シリコーン系（まくぴか）3,000倍，カチオン系（ニーズ）1,000倍，エステル型ノニオン系（アプローチBI）1,000倍，油溶性エステル型ノニオン系（スカッシュ），シリコーン系（ブレイクスルー）5,000倍.
参考：本試験方法で死亡率 60%程度では，実際の圃場ではスワルスキーカブリダニの密度低下は認められず，80%程度の剤では密度低下が認められた．死亡率は48時間後の数値を示す.
引用：宮田将秀（2011），技術と普及 48（1），56.

うに注意事項に明記されている．具体的には宮城園試[68]で複数の機能性展着剤を用いてスワルスキーカブリダニ剤に対する影響が小型容器にダニを閉じ込めて散布する過酷な条件で検討され，シリコーン系展着剤（まくぴか，ブレイクスルー）が特に影響が大きいことが確認された（図 50）．エーテル型ノニオン系展着剤（ミックスパワー）もやや影響する可能性が示唆された．同様な試験がチリカブリダニとミヤコカブリダニを用いて検討された結果，スワルスキーよりも影響ははるかに小さいことが確認された．機能性展着剤の中ではエステル型ノニオン系展着剤（アプローチ BI）は影響が小さく，天敵放飼後も使用が可能であることが示唆された．今後，さらに展着剤も含めて各農薬の影響の有無や影響期間を検討する必要がある．

3-7　その他への影響

1）ミミズ

環境への影響に関しては農薬登録上，有用生物への影響として水産動植物（魚類・ミジンコ類・藻類），鳥類，天敵，蚕，ミツバチが必須になっており，すでに展着剤も各種のデータが取得されて公表されている．有用生物としてミミズに対する影響は報告事例がほとんど見当たらない．高橋と酒井[69]は4種の展着剤がミミズに及ぼす影響を代表的な非選択性除草剤と共に検討した（表32）．その結果，2種のエーテル型ノニオン系展着剤（ポリオキシエチレンドデシルエーテル：78%，ポリオキシエチレンアルキルフェニルエーテル：30%）単独は強い影響を示し，ミミズへの直接散布では100%の死亡率を示したものの，エステル型ノニオン系（ポリオキシエチレンヘキシタン脂肪酸エステル：50%）は全く影響せず，ミミズに対して安全性の高い展着剤であることが確認された．さらに気象条件（晴天・雨天）と土壌条件（乾燥・湿潤）が異なる中で検討し

表32　ミミズに及ぼす各種展着剤の影響

a）展着剤の直接散布による殺ミミズ作用

薬剤名	濃度（製品濃度：%）		死亡率（%）	
	S.54.7.11	S.55.7.16	S.54.7.11	S.55.7.16
SWK	0.15	0.2	100	100
ASP-30	0.10	0.2	100	90
Y	0.25	0.3	100	100
AT-BI	0.20	0.2	0	0

試験場所：香川県農業試験場府中分場．
供試展着剤：SWK（ポリオキシエチレンドデシルエーテル78%）．
ASP-20（ポリオキシエチレンアルキルフェニルエーテル30%）．
Y（ポリオキシエチレンアルキルアリルエーテル48%）．
AT-BI（ポリオキシエチレンヘキシタン脂肪酸エステル50%）．

b）環境条件とSWKの作用性との関係

濃度（製品濃度）	天候条件	土壌条件	地表面はい出し率（%）
0.2%	晴天	乾燥	13
〃	〃	湿潤	57
〃	雨天	乾燥	7
〃	〃	湿潤	7

引用：高橋健二・酒井義春（1981），雑草研究 26，173.

た結果，ミミズに対する影響は雨天時よりも晴天時に強く現われ，晴天時でも湿った土壌条件下で作用が強く現れた．雨天時に比べて晴天時の場合，乾燥した土壌条件下において殺ミミズ作用が強く現れた原因は，ミミズが地中のより深い層に生息していることと，散布した薬液が土壌表層に吸着されて，ミミズが薬液に接触しにくくなるためと推察された．

2）コナガ産卵行動

キャベツは多くの粉状のワックスブルームで覆われており，ワックスブルームが葉からの水分蒸散を防ぐと共にコナガの産卵行動にも関与し，産卵阻害機能を有することが指摘されている．一方で界面活性剤を有効成分とする展着剤は植物のワックス層を溶かす作用が知られており，キャベツへ薬剤散布の際に添加されるアニオン配合系展着剤（新グラミン：2009 年登録失効）の影響が植松と四位[70] によって検討された（表 33）．その結果，展着剤の濃度に比例して葉への産卵率は増大し，ワックスブルームの産卵阻害機能が展着剤によって明らかに弱められる傾向が確認された．しかしながら，ケージ試験においてコナガは 60～80%もの卵を平らな面であるプラスチック容器に産み付けていることから，ワックスブルームの産卵阻害機能の低下はそれほど大きくないものと考察された．

3）シバ葉腐病

日本芝に属するコウライシバやノシバは春期及び秋期に葉腐病が発生するため，生産芝圃場やゴルフ場では殺菌剤の発病前散布による防除が必要になる．

表 33　キャベツ葉に散布した展着剤がコナガの産卵に及ぼす影響[a)]

展着剤濃度 (ppm)	産卵数の平均値 ガラス+フィルター紙+葉（A）	葉（B）[b)]	100×B/A（%）
無処理	62.0	11.9[a]	18.2
75	51.9	21.6[b]	43.1
150	46.7	25.1[c]	56.0
300	30.5	22.3[c]	77.0

a）繁殖能のあるメスを展着剤処理したキャベツ葉を入れたペトリ皿で飼育．展着剤濃度は 0～600ppm（40 反復）．

b）$P<0.05$ で a，b 間に有意差あり，$P<0.01$ で a，c 間に有意差あり．Mann-Whitney's U 検定法．

供試展着剤：アニオン配合系（新グラミン：2009 年登録失効）

引用：植松秀男・四位和博（1994），九州病害虫研究会報 40，123.

表 34　シバ葉腐病（ラージパッチ）に対するペンシクロン水和剤への固着性展着剤添加の効果（1993，春期）

No.	供試展着剤	希釈倍	ペンシクロン 50%水和剤 希釈倍	施用量（L/m²）	薬量投下量（g/m²）	病斑数（個/100m²）	発病面積（m²/100m²）	防除価	薬害
1	アビオン E	500	1,000	0.5	0.5	0 a	0 a	100	なし
2	無添加		1,000	0.5	0.5	5.5c	0.40a	89.0	なし
3	アビオン E	500	2,000	0.5	0.25	2.5abc	0.25a	93.1	なし
4	無添加		2,000	0.5	0.25	4.5bc	1.89ab	47.9	なし
5	アビオン E	500	1,000	1.0	1.0	1.5ab	0.09a	97.5	なし
6	無添加		1,000	1.0	1.0	1.0ab	0.24a	93.4	なし
7	無処理					10.0d	3.63b		

試験及び調査方法：調査病斑数，発生面積は 2 区平均値，日本芝（ノシバ）への薬剤散布 4 月 20 日，発病調査 5 月 31 日（散布 41 日後），無処理区の初発生 5 月 10 日．
同一英字を付与した平均値間には Duncan's multiple range test による有意差（5%）がないことを示す．
供試殺菌剤：ペンシロクロン水和剤（セレンターフ顆粒水和剤）1,000 倍，2,000 倍．
供試展着剤：アビオン E（パラフィン系）500 倍．
引用：佐古勇（1994），近畿中国農業研究成果情報，p.51.

特にゴルフ場では面積が広大であることから，作業性や環境負荷の軽減化が求められていた．そこで，鳥取園試[71)]で固着性展着剤を活用して薬剤の付着性や耐雨性の向上を図る試験が実施された（表 34）．葉腐病の初発生 20 日前に，ペンシクロン水和剤（セレンターフ顆粒水和剤）1,000 倍にパラフィン系固着剤（アビオン E）500 倍にて添加して $1m^2$ 当り 0.5L 散布すると発病が完全に抑制された．同薬剤 1,000 倍の散布量を基準の $1m^2$ 当り 1L にすると，固着性展着剤の添加に関係なく高い防除効果を示すが，同薬剤 2,000 倍を 1 m^2 当り 0.5L 散布すると防除効果は認められるものの，その程度は低かった．しかし，同薬剤に固着性展着剤を添加して散布すると，90 以上の高い防除価を示し，薬剤投入量を基準の 1/4 まで低減化できることが示唆された．同様に葉腐病の初発生約 9 日前に，メプロニル水和剤 1,000 倍でも同様に添加効果が確認された．

上手な選び方・使い方のポイント　応用編（3）

Q7：マシン油乳剤の活用はどのような場面で期待できますか？

A7：マシン油乳剤は日本では殺ダニ剤の認識ですが，米国では植物油濃縮物（大豆・ヒマワリ・ナタネ・コーン等）と同様に汎用的なアジュバントとして応用されています．日本ではカンキツ類にアジュバントとして九州で応用されています．その際には油溶性の特徴を生かして被膜活性に基づいて初期付着量は低下するものの，耐雨性効果に基づいて殺菌剤の残効性が期待できます．薬害リスクの観点から日本での応用場面はまだカンキツ類が中心になっています（図34・35，表4参照）.

Q8：葉面散布剤への展着剤の効果は期待できますか？

A8：農薬登録上は農薬に添加する補助剤ですので単独の葉面散布剤への添加を論じることはできません．しかし，現場では葉面散布剤も農薬散布時に混用することは多くあり，その際に高い濃度の葉面散布剤は逆に塩害として薬害リスクや農薬の凝集の懸念があります．従って低い濃度の葉面散布剤（尿素や微量元素を含む）混用の際に葉面への取り込み向上が過去の文献から期待できます．トマトやトルコキキョウ等の生産現場では難溶性のカルシウムをキレートと共にある種の界面活性剤配合により，カルシウム吸収を効果的に高めた製品も上梓されています．このような多くの混用系の散布の際には事前に少量で混用性について物理化学的性状のチェックが必須になります.

Q9：展着剤の2種の添加は可能でしょうか？

A9：日本ではそのような応用事例はありませんが，米国では異なる機能のアジュバントを添加する事例は多く見られます.具体的には殺虫剤用にA，殺菌剤用にBが推奨されている場合，現場で2種の農薬混用時にアジュバンAとBが添加されて散布しています.その際に注意すべき点としてドリフトに及ぼす影響の有無が近年問題視されていますが，ドリフト防止剤の商品化も含めてアジュバントの2種混用は日本ではまだこれからの課題です.

Q10：土壌浸透を高める機能は展着剤に期待できますか？

A10：土壌浸透に関して，土壌表面は有機物の吸着機能が高いため，一般に容易には農薬浸透を高めることは難しいのが現状です．相手の農薬の物理化学的性状にも依存しますが，可溶化能の高いエステル型ノニオン系を用いて砂壌土で浸透性殺菌剤がさらに浸透した事例はあります．現場では機能性展着剤の高濃度での使用でその可能性はありますので，薬害リスクの観点からエステル型ノニオンタイプを推奨します（参考文献 48）．

おわりに

高い食糧自給率の維持・向上は世界各国においてもっとも重要な課題になることが予測される中，食糧需給バランスが世界的な規模で崩れかけている現状を考えると，植物保護剤である農薬の重要性が再認識されるものと考える．農薬は良品質な農産物の収量確保に必須な生産資材であるにもかかわらず，医薬品と対比するとリスクのみが強調されてベネフィットが低く見られる傾向にある．医薬品と農薬の相違を考えると，3 点挙げることができる．まず製剤技術に関して医薬品は大学で製剤学として成立して薬剤師の存在があるのに対し，農薬では農薬会社に一任され最終製剤の処方は企業ノウハウ（特許）になっており最終製剤処方は非公開である．第二に製剤使用に関して医薬品は医者によって診断されて使用量が各患者別に決定されるのに対し，農薬は使用者の判断（診断ではない）によって各作物に使用されている．最後に使用場面に関して医薬品では各患者に局部的に閉鎖系で使用されるのに対し，農薬も同様に各作物別に使用されるが環境に開放系で広く施用されるために広範囲な暴露リスクが伴うことになる．このような相違点を十分に理解した上，元気の良い農業従事者に真に喜ばれる生産資材として農薬を完成させるプロセスにおいて製剤・施用技術が重要な役割を果たしており，その技術の一つにアジュバント技術があり，さらなる飛躍が大いに期待される．持続性のある社会の構築に向け，環境負荷低減の視点に立った安定した農産物生産に関する技術開発が求められている現在，IPM よりもさらに広い概念をもつ IBM（総合的生物多様性管理）[72]に繋がる技術のひとつに本技術が生長することを切に願うものである．

本書ではできるだけ日本の指導機関で実施された複数の展着剤を用いた試験成績を中心に紹介したが，すべてを把握できていない点もあり，さらに畑作用除草剤を中心とする海外（特に米国）については一部の技術情報や試験成績を紹介したにすぎない．またアジュバントの作用性研究に関してはすでに言及したが，既存製剤には有機溶剤や内添型アジュバントがすでに配合されている場合もあるので有効成分と配合比率が明らかなアジュバントを用いて農薬原体とのシンプルな基礎試験に基づく解析が望まれる．本書ではドリフトや農薬付着に関する分析方法や散布機器に関しては触れていないので関連する文献を参照して頂きたい[23,73~76]．さらに界面化学の基礎や応用に関しても多くの成書[77~80]が出版されているので参考にして頂きたい．

最後にこれまで展着剤応用にご関与・ご協力して頂いた全国の指導機関の皆様に深謝すると共に，本技術を確立してさらに推進させるために一層のご協力とご指導を引き続きお願いしたい．また本技術・製品の研究開発及び現場での普及活動に当たり，多大なご支援とご協力を頂いた花王（株）並びに丸和バイオケミカル（株）の関係者の皆様に深くお礼申しあげる．本書の執筆にあたり，その機会を与えて頂き，校正にご尽力頂いた（株）養賢堂の小島英紀氏に深謝する．

平成 26 年 8 月吉日

清流長良川が流れる岐阜より

参考資料

主要な展着剤の農薬登録内容

1. アプローチBI：エステル型ノニオン系

適用農薬	適用作物	散布量（10L当）	使用上のポイント
殺虫剤，殺菌剤	稲・麦類，果樹類，野菜・花き類，茶，芝等	10mL	最も汎用性のあるアジュバント．植調剤にも効果発現．均一な付着性により散布水量の低減が期待できる．有効成分は食品添加物である．薬害の出やすい場面では使用しない．
	野菜類，いも類，豆類	5mL	
ジクワット，パラコート，DCMU，ターバシル，ブロマシル等の非選択性除草剤	非選択性除草剤の登録内容の作物	10～20mL	
NAC水和剤（摘果剤）	りんご	10～50mL	
メピコートクロリド，ジベレリン	ぶどう	10～50mL	

2. スカッシュ：油溶性エステル型ノニオン系

適用農薬	適用作物	散布量（10L当）	使用上のポイント
殺菌剤，殺虫剤	野菜類，いも類，豆類（種実），てんさい，果樹類，花き類	5～10mL	濡れ性が良好で乾きも早い．有効成分が油溶性であり，殺虫剤との相性が特に良好．主な有効成分は食品添加物である．薬害の出やすい場面では使用しない．
	茶	10mL	
摘果剤（NAC剤）	りんご	10mL	

3. クミアイニーズ：カチオン系

適用農薬	適用作物	散布量（10L当）	使用上のポイント
殺菌剤，殺虫剤	稲，麦類，雑穀類，いも類，豆類（種実），野菜類，てんさい	5～10mL	有効成分が陽イオン性であり，殺菌剤との相性が特に良好．濡れ性が良く水和剤汚れ少ない．耐性菌の発現した薬剤でも混用により効果が期待できる．薬害の出やすい場面では使用しない．
	りんご	10mL	
殺菌剤	もも，茶		
摘果剤（NAC剤）	りんご		

4. まくぴか：エーテル型ノニオン系（シリコーン系）

適用農薬	適用作物	散布量（10L 当）	使用上のポイント
殺菌剤，殺虫剤	果樹類	1～2mL	有効成分がシリコーン系であり，濡れ性がとても良好で乾きも早い. 散布水量の低減が期待できる. 泡立ちに要注意. 酸性・アルカリ性での散布は不可. 最後に添加する.
	野菜類，豆類（種実)，いも類，麦類，茶	1～3.3mL	
エテホン液剤	小麦		
カルフェントラゾンエチル乳剤	ばれいしょ		
殺菌剤，殺虫剤 フルアジホップ P 乳剤	てんさい		
殺菌剤，殺虫剤 フラザスルフロン水和剤, アシュラム液剤トリクロピル液剤, MCPP 液剤, ペンディメタリン水和剤等の除草剤	芝		
非選択性茎葉処理型除草剤	適用農薬の登録内容		

5. ミックスパワー：エーテル型ノニオン系

適用農薬	適用作物	散布量（10L 当）	使用上のポイント
有機リン剤, カーバメート剤等の殺虫剤 無機銅剤, 有機銅剤等の殺菌剤	稲，麦，茶	3.3～10mL	有効成分がエーテル型ノニオンで濡れ性が良好で乾きも早い. 散布液が乾きにくい条件で果菜類でリング状のコルク斑等の薬害に要注意.
	もも, なし, りんご, キャベツ，はくさい，きゅうり等	3.3mL	

6. ペタン V：パラフィン系

適用農薬	適用作物	散布量（10L 当）	使用上のポイント
ボルドー液	りんご	25～50mL	有効成分がパラフィンであり, 固着性が良好. 水和剤で汚れが目立つ. 凍結すると変質するので冬期の保管に要注意.
	もも	17mL	
有機銅水和剤	りんご，芝，麦類	25～50mL	
	みかん	10～17mL	
	いちご	10～25mL	
	アスパラガス	10mL	
銅・有機銅水和剤	たまねぎ	25mL	
	もも	17mL	
イミノクタジン酢酸塩液剤	麦類	50mL	
マンネブ水和剤	みかん	10～13mL	
	かんきつ(みかん除く)	10mL	
ベンシクロン水和剤	芝	10～20mL	
TPN 水和剤	なし（休眠期）	25mL	

7. アビオンE：パラフィン系

適用農薬	適用作物	散布量（10L 当）	使用上のポイント
殺菌剤	りんご	5～25mL	有効成分がパラフィンであり，固着性が良好．水和剤で汚れが目立つ． 凍結すると変質するので冬期の保管に要注意． あらかじめ5-10倍の水で希釈して最後に添加してよく撹拌する． 泡立ちに要注意．
	果樹類（りんご除く），野菜類豆類（種実），いも類，茶，花き類・観葉植物，てんさい	10～20mL	
殺虫剤	りんご	5～25mL	
	果樹類（りんご除く），野菜類豆類（種実），いも類，茶，花き類・観葉植物，てんさい	10～20mL	
殺菌剤	小麦，芝	10～20mL	

8. ハイテンパワー：エステル型ノニオン系

適用農薬	適用作物	散布量（10L 当）	使用上のポイント
殺菌剤，殺虫剤	稲，麦類，花き類，野菜類，いも類，豆類（種実），ホップ，雑穀類，てんさい，果樹類	1～2mL	有効成分が天然物由来原料で生分解性良好． 泡立ちが少ない． 汎用タイプの一般展着剤．
	茶，芝	2mL	
摘果剤（NAC剤）	りんご	1～2mL	
シアナミド液剤	ぶどう		
セトキシジム乳剤，クレトジム乳剤，シハロホップブチル乳剤	適用農薬の登録内容		

適用農薬	適用作物	適用雑草	散布量（10L 当）
非選択性茎葉処理型除草剤	適用作物の登録内容の作物	一年生雑草 多年生雑草	1～2mL

9. グラミンS：アニオン配合系

適用農薬	適用作物	散布量（10L 当）	使用上のポイント
有機リン剤，カーバメート剤等の殺虫剤 殺ダニ剤 銅剤，硫黄剤，抗生物質等の殺菌剤	稲，麦，キャベツ等の薬液のつきやすい作物	1～2mL	汎用タイプの一般展着剤． 泡たちを抑えた展着剤．
	はくさい，きゅうり，ばれいしょ，果樹等の薬液のつきやすい作物	0.5～1.0mL	

10. アイヤーエース：エーテル型ノニオン系

適用農薬	適用作物	散布量（10L 当）	使用上のポイント
殺虫剤，殺菌剤	稲，麦類，雑穀類，茶，果樹類，野菜類，豆類（種実），いも類，てんさい，花き類・観葉植物，芝	1～2mL	有効成分がエーテル型ノニオンの汎用タイプの一般展着剤. 泡たちを抑えた展着剤.
非選択性茎葉処理型除草剤	適用農薬の登録内容	2mL	

11. サーファクタント WK：エーテル型ノニオン系

適用農薬	適用作物	散布量（10L 当）	使用上のポイント
（除草剤） DCMU，ブロマシル，リニュロン，レナシル PAC，パラコート，ジクワット，シアン酸 Na	水田作物，畑作物等	10～50mL	有効成分がエーテル型ノニオンの除草剤専用の機能性展着剤. 土壌処理型に添加して接触剤の効果が期待できる. 農作物にかからないように要注意.
フェンメディファム水和剤・乳剤，メタミトロン水和剤		10mL	
MCPP，アシュラム，リムスルフロン，メトスルフロンメチル，オキサジクロメホン，オキサジアルギル等の除草剤	芝	5～10mL	

12. ダイン：アニオン配合系

適用農薬	適用作物	散布量（10L 当）	使用上のポイント
有機リン剤，銅剤，マシン油乳剤，石灰ボルドー液，硫黄剤，有機硫黄剤，除虫菊剤，ニコチン剤，デリス剤，その他	野菜，果樹，麦，稲等で展着しにくい作物	1～3mL	汎用タイプの一般展着剤. ほとんどの農薬と混用可能.
	比較的展着の容易な作物	0.5～1mL	

13. K.K ステッカー：エステル型ノニオン系

適用農薬	適用作物	散布量（10L 当）	使用上のポイント
銅剤，有機銅剤，キャプタン剤等の殺菌剤	薬液のつきにくい農作物等	3.3～4mL	汎用タイプの固着剤 ベトツキが少なく容器の汚れが少ない
殺虫剤	果樹類，野菜類	3.3 mL	

参考文献

1）川島和夫（2007）：散布技術を考えるシンポジウム講演要旨，日植防，P.22.

2）大橋弘和（1999）：関西病害虫研究会報 32，75.

3）川島和夫（1992）：農薬通信 133，12.

4）川島和夫（1992）：農薬時報 410，43.

5）田代暢哉（2009）：植物防疫 63（4），212.

6）川島和夫（2009）：植物防疫 63（4），233.

7）平山喜彦ら（2008）：奈良農総セ研報 39，25.

8）中村新ら（2009）：芝草研究 38（1），P.50.

9）松本要・藤原昭雄（1978）：応動昆 22（1），38.

10）川島和夫ら（1994）：農業及び園芸 69（5），580.

11）横田清ら（1993）：岩手大農報 21（3），221.

12）井村岳男（2006）：今月の農業 46（10），46.

13）富濱毅（2009）：植物防疫 63（4），218.

14）井出洋一ら（2001）：九州農業研究 63，80.

15）柴寿ら（1974）：長野県農業試験場報告 38，152.

16）Krishna N. Reddy and Megh Singh (1992): Weed Technol. 6, 361.

17）鈴木照麿・関谷一郎（1955）：農業及び園芸 30（1），132.

18）川島和夫（2014）：農業及び園芸 89（2），241.

19）川島和夫（2012）：第 29 回農薬生物活性研究会シンポジウム講演要旨，日本農薬学会，5.

20）宍戸孝ら（1994）：農薬科学用語辞典，日植防，p.374.

21）P. J. Holloway and David Stock (1990): "Factors affecting the activation of foliar uptake of agrochemicals by surfactants", Industrial Applications of Surfactant II, p.303.

22）木村和義（1987）：作物にとって雨とは何か，農山漁村文化協会，p.197.

23）日本農薬学会農薬製剤･施用法研究会編（1990）：農薬の散布と付着，日植防，p.170.

24）P. J. Holloway (1970): Pestic. Sci. 1, 156.

25）C. G. L. Furmidge (1959): J. Sci. Food Agri. 10, 274.

26）T. Kawamura et al. (1964): Chem. Phys. Appl. Surface Active Subst.,4th Proc. Inter. Cogress(abst.), 461.

27）J. F. Parr and A. G. Norman (1964): Plant Physiol. 39, 502.

28）杉村順夫ら（1984）：植物の化学調節 19（1），34.

29）川島和夫ら（1983）：植物の化学調節 18（1），77.

30）E. Haapala (1970): Physiol. Plant 23, 187.

31）G. E. Stolzenberg et al. (1982): J. Agri. Food Chem. 30, 637.

32）A. A. Nethery (1967): Cytologia 32, 321.

33）C. A. Towne et al. (1978): Weed Sci. 26, 182.

34）P. L. Pfathler (1980): J. Bot. 58, 557.

35）川島和夫（2002）：アグロケミカル入門，米田出版，p.172.

36）辻孝三（2006）：農薬製剤はやわかり，化学工業日報社，p.224.

37）特許マップシリーズ化学 22（2001），これでわかる農薬，特許庁，p.334.

38）川島和夫（2004）：第 24 回農薬製剤・施用法シンポジウム講演要旨，日本農薬学会，p.57.

39）川島和夫・竹野恒之（1982）：油化学 31（3），163.

40）David Stock (1993): Pestic. Sci. 38, 165.

41）杉村順夫・竹野恒之（1985）：日本農薬学会誌 10（2），233.

42）渡部忠一（2000）：日本農薬学会誌 25，285.

43）川島和夫（2007）：植物の生長調節 42（1），100.

44）堀川知廣ら（1983）：茶業研究報告 57，18.

45）大谷良逸ら（1984）：近畿中国農研 67，46.

46）折原紀子・植草秀敏（2009）：植物防疫 63（4），228.

47）埼玉農林総合研究センター発行新技術情報（2009）：農薬現地混用が作物の農薬残留に及ぼす影響.

48）川島和夫（1982）：農業及び園芸 57，1021.

49）田代暢哉（2000）：佐賀県果樹試験場業務年報，141.

50）Bryan Young (2012): Compendium of herbicide adjuvants, Southern Illinois

University, p.48.

51）A.K.Underwood（2000）： 21 世紀の農薬散布技術の展開シンポジウム講演要旨，日植防，p.109.

52）Chester L. Foy (1993): Pestic. Sci. 38, 65.

53）山本省三（1972）：関西病害虫研究会報 14，20.

54）夏目兼生・山本省三（1973）：関西病害虫研究会報 15，80.

55）三好孝典ら（2007）：日本植物病理学会報 73，149.

56）篠崎敦（2014）：愛媛県果樹研究センターHP，パラフィン系展着剤などの加用による果実腐敗抑制効果.

57）菅野英二・尾形正（2006）：東北農業研究 59，143.

58）三谷滋ら（2006）：日本植物病理学会報 72（4），259.

59）内川敬介・難波信行（2008）：長崎農林技術センター報告書，半促成長期どりアスパラガスにおけるコサイド DF と展着剤スカッシュとの混用による褐斑病の防除効果と薬害.

60）吉田満明ら（2012）：長崎農林技術センター報告書，イチゴ品種「さちのか」の育苗期における重要病害虫防除体系 3，81.

61）井村岳男（2009）：植物防疫 63（4），222.

62）木村勇司（2011）：青森農林総合研究所試験成績概要集，野菜のハモグリバエ類を効果的に防除するための機能性展着剤の使い方.

63）武政彰・繁田ゆかり（2009）：九州病害虫研究会報 55，146.

64）渡邊丈夫ら（2006）：四国植物防疫研究協議会・第 51 回講演要旨，55.

65）近藤直彦ら（1999）：日本農薬学会誌 24（3），290.

66）有田敬俊・越智弘明（2002）：北海道立農試集報 82，117.

67）川島和夫（2002）：グリーン研究報告 82，3.

68）宮田将秀（2011）：技術と普及 48（1），56.

69）高橋健二・酒井義春（1981）：雑草研究 26，173.

70）植松秀男・四位和博（1994）：九州病害虫研究会報 40，123.

71）佐古勇（1994）：近畿中国農業研究成果情報，P.51.

72）江村薫（2011）：日本の科学者 46（7），2.

73）宮原佳彦（2008）：今月の農業 6，70.

74）藤田俊一ら（2001）：植物防疫 55（12），567.

75）徳竹翔太ら（2012）：照明学会誌 5，272.

76）國本佳範・井上雅夫（1997）：応動昆 41（1），51.

77）竹内節（1999）：界面活性剤，米田出版.

78）刈米孝夫（1988）：界面活性剤の性質と応用，幸書房.

79）本多健一編集（2005）：表面・界面工学大系（上・下巻），テクノシステム.

80）Chester L. Foy and David W. Pritchard (1996): Pesticide Formulation and Adjuvant Technology, CRC Press.

索引

あ行

か行

さ行

た行

な行

は行

ま行

や行

ら行

アルファベット

著者略歴

川島和夫（かわしまかずお）

1951 年岐阜県生まれ．1974 年信州大学農学部農芸化学科卒業．1976 年名古屋大学大学院農学研究科修士課程修了（農薬化学専攻）．同年花王株式会社（当時，花王石鹼）に入社して産業科学研究所に配属．担当分野は界面活性剤及び高吸水性樹脂の農業分野への応用研究及び開発．1984 年化学品事業本部へ転出してアグロ営業部ユニットリーダーとしてアグロ分野を担当し，2010 年花王退社．その間メキシコ子会社に 2.5 年出向（経営），商品安全性推進本部（技術法務）に 1 年在籍．花王退社後，2013 年 7 月まで 3 年間 BASF ジャパン株式会社田原研究所の化学研究室マネジャー・所長．2013 年 8 月から丸和バイオケミカル株式会社の技術顧問に就任し，現在に至る．

農学博士（1993 年東京農業大学），技術士（農業部門，文部科学省登録），

環境カウンセラー（環境省登録）

趣味：野草観察・写真撮影，旅行，陶磁器（ぐい飲み）観賞

展着剤の基礎と応用　© 川島和夫　2014

2014年9月3日　第1版第1刷発行
2023年9月15日　第1版第3刷発行

著作者　川島和夫（かわしま かずお）

発行者　及川雅司

発行所　株式会社養賢堂
〒113-0033
東京都文京区本郷5丁目30番15号
電話 03-3814-0911 ／ FAX 03-3812-2615
https://www.yokendo.com/

印刷・製本：株式会社 真興社

用紙：竹尾
本文：オペラクリームマックス・35 kg
表紙：OK エルカード＋・19.5 kg

PRINTED IN JAPAN　ISBN 978-4-8425-0528-2　C3061